GEORG HOFFMANN

Des Jägers Jahr

Jagderzählungen

mit 12 Illustrationen
von Klaus-Peter Reif

Bibliografische Information der Deutschen Nationalbibliothek

Die Deutsche Nationalbibliothek verzeichnet diese Publikation in der Deutschen Nationalbibliografie; detaillierte bibliografische Daten sind im Internet über http://dnb.d-nb.de abrufbar.

BLV Buchverlag GmbH & Co. KG
80797 München

Umschlagkonzeption: Kochan & Partner, München
Umschlagmotiv: Klaus-Peter Reif; Foto vordere Klappe: Autor
Illustrationen: Klaus-Peter Reif

Lektorat: Gerhard Seilmeier
Herstellung und Satz: Ruth Bost

Printed in Germany
ISBN 978-3-8354-0824-1

Inhalt

Zum Geleit 6

Fuchsmond Januar 10

Februarsauen 19

Vorfrühlingsahnen im März – Schnepfenstrich und Taubenjagd . 32

Im Aprilregen: Frühjahrsschau der Rehe und Hochsitzbau . . . 44

Rehbockjagd in taufunkelnden Maiwiesen 58

Juni – eine Sommersau 69

Feisthirschzauber und ein Sommerkeiler im Juli 79

Augustsommertage – Erntetage auch des Jägers 93

September – Jägermonat der Vielfalt 111

Oktober – Herbsthochwasser und ein Wasserfasan 122

Lichtgraue Novembernebel 137

Dezembermorgen am Rotwildwechsel 147

Zum Geleit

Würde man mit einem Mikrofon in der Hand sich als Interviewer im Dienst einer jener vorgeblich informierenden, in Wahrheit aber hauptsächlich unterhaltenden Sendereihen in eine Fußgängerzone stellen und die zufällig vorbei kommenden Menschen nach ihrer Lieblingsjahreszeit befragen, so käme bei den meisten die Antwort: der Sommer! Einige entschieden sich vielleicht für den Frühling, begeisterte Wintersportler womöglich für die kalte Jahreszeit. In jedem Falle wüssten die Befragten ihre Vorliebe sogleich zu benennen, ebenso die mehr oder weniger starken Abneigungen. Nicht selten käme auf die Frage nach dem Warum der Entscheidung für eine bestimmte Jahreszeit an Stelle einer tiefer gehenden Begründung nur ein Schwärmerisches: »Da wünscht man sich doch, dass es ewig so bliebe!« oder auf der negativen Seite, dass eine bestimmte Jahreszeit so schnell wie möglich vorüber gehen möge!

Für den Jäger soll nach der bekannten Zeile eines Jägerliedes und einem danach betitelten ebenso bekannten Jagdbuch gelten: »Ach, könnt' es Herbst im ganzen Jahre bleiben!« – Befragte man aber die Waidmänner der verschiedenen Landschaften und Reviere, so wäre die Palette der Antworten breiter gefächert. Früher waren es Hahnenbalz und Schnepfenstrich, die manchem Waidgenossen das Frühjahr als die hohe Zeit des Jahres erscheinen ließen, und vor allem geht mit den Blütetagen des Frühlings die Rehbockjagd an, deren Beginn auf den 1. Mai vorverlegt ist. Andere sagen, die Sommerjagd auf den nunmehr sich in roter Decke präsentierenden heimlichen Spätjunibock oder die Blattzeit, die langen milden Mittsommeransitzabende auf Sauen und vor allem der Vorpass auf den Feisthirsch bedeuteten den Jahreshöhepunkt. Daran schließt sich die schon besungene Herbstzeit an: Rotwild- und Damwildbrunft, Streifen auf Hühner und Fasanen, Kaninchen, Taubenanstand an maststrotzenden Eichen, Entenstrich in den Kuhlen und an den Auen. Viele aber hoffen auf den Winter: Hasenjagden in froher Runde locken sie, Drückjagden mit ihrer auf konzentriertes Erleben und Erjagen gerichteten Spannung, Sau- und Fuchsnächte im Mondschein und gar bei Schnee, womöglich die Gamsbrunft.

Schon sind wir einmal um das Jahr herum und schauen wieder nach den Rehböcken: Welche haben schon im Januar oder Februar ein über die Lauscher ragendes bastprahlendes Gehörn geschoben, beginnen im März, es zu fegen?

Wie reich ist doch des Jägers Jahr! Reduziert der Jäger seine Erwartung nicht auf Schuss und Beutemachen, – die freilich zur grünen Passion gehören, weil jede Leidenschaft sehnsüchtig ihre Erfüllung sucht, – so gibt es alle Tage einen Grund, geweiteten Herzens aus Wald oder Feld heimzukehren. In diesem Sinne ist alle Tage Jagdtag! – So lautet übrigens ein alter Jägerspruch und, daraus hergeleitet, ein Buchtitel.

Wenn ich gerade ältere Menschen beklagen höre, – die doch das Genießen der schönen Stunden des Lebens aufgenommen haben sollten in die Schatzkammern ihres Bewusst-Seins, – das Jahr sei so rasch verstrichen, und gar vernehme, schon wieder sei es Winter, Weihnachten stehe drängend vor der Tür, oder schon wieder sei es Sommer – mit selbstredend schlechter Wetterprognose – sträubt sich mein Empfinden. Denn jede Jahreszeit birgt so viele Schätze, dass ich ihr Verstreichen keinesfalls wünschen kann. Mehr und mehr ist mir in den letzten Jahren, da ich ein alternder Jäger geworden bin, bewusst geworden, dass es nicht zuletzt meine Jägerseele ist, die sich hier wehrt! In Norwegen hörte ich ein unvergleichliches, der Übersetzung ins Deutsch nicht bedürfendes Wort, dass die miteinander zusammenhängende Gefühls- und Geisteswelt naturnahe lebender Menschen ausdrückt: »uteliv«. Es ist ein Begriff für Lebensqualität! Keinesfalls ist damit reines Waldläufertum gemeint. Anhänger des Draußen-Lebens können durchaus in den anthrazitgrauen Anzug schlüpfen und des Abends der Oper zustreben. Aber diese besondere Art von Sehnsucht, die Sehnsucht nach dem nächsten Draußen-Sein, wird sie nicht verlassen; sie wird sie anspornen auf ihrem Lebenspfad.

Diese Sehnsucht beflügelt des Jägers Seele: Aus dem vom lautlosen Flug der Fledermäuse umschwirrten oder vom Gänseruf aus nachtgrauem Himmel begleiteten Heimweg wird der Plan für den nächsten Pirschgang, den nächsten Ansitz. Ein solcher Plan baut auf die eigenen Erfahrungen über die Jagd, über das Revier. Er gründet sich auf die Ratschläge der Freunde und die Kenntnis vorausgegangener Generationen von dem Handwerk des Jägers, das zugleich auch eine Kunst ist, – wie jedes Handwerk. Gestern und jetzt und morgen verweben sich zu Erleben, Denken, Grübeln, Planen, Hoffen, Erwarten.

Ich habe einmal in einer Sonntagvormittag-Fernsehsendung einen uralten Schwarz-Weiß-Film gesehen (dessen Titel und Sendeanstalt mir bedauerlicherweise entfallen sind), in dem der Teufel den geeigneten Tag sucht, die ihm versprochene Seele eines Jägers zu holen. Bedingung war, dass der Jäger sich dem Müßiggang oder gar einem Laster hingebe und damit der Nutzlosigkeit anheim falle. Nur in solchen Phasen der Vergeudung des heiligen Geschenkes Leben soll der Teufel angeblich das Recht haben, Zugriff zu nehmen auf des Jägers, – des Menschen, – Seele und Leben. Der Dunkle klopft aber vergebens Jahr für Jahr an des Jägers Tür; er findet keine den Zugriff rechtfertigende Stunde. Denn des Jägers Leben erfüllt die Liebe zu Wild und Waidwerk, sie macht es rund und vollwertig. Im bunten Kaleidoskop des Jahresreigens reihen sich Wildfütterung, Jagdschutz, Beobachtung und Ausmachen des Wildes, die Jagd auf die vielen Wildarten, das Bergen des Wildbrets, die Gemeinsamkeit mit den Jagdkameraden aneinander. Keinesfalls ruhe- oder rastlos, aber unentwegt ist der Jäger tätig. Der Ablauf der Zeit verliert völlig an Beachtung: Das Jetzt gilt, und das Morgen, der nächste Morgen. Jede Stunde erwächst zur Kostbarkeit.

Schopenhauer erläutert in seiner Abhandlung zum »Lebensalter«, warum mit dem Älterwerden der Lauf der Jahre immer rascher, das einzelne Jahr immer kürzer erscheint: Je älter wir werden, desto mehr Bekanntes wiederholt sich; wir leben in Routine. Bekanntes aber ordnet das Gehirn, wohl um Platz zu schaffen für Neues, als weniger wichtig ein. Es schiebt sich in der Erinnerung zu einer verkürzten Fassung zusammen. Wir brauchen es nicht stets neu durchzuarbeiten, weil wir es bereits in- und auswendig beherrschen. So erscheint die Zeit unserer Erinnerungen immer kürzer, je länger ihr Stoff wird und je öfter wir das Gleiche erleben.

Das Vergessen hat zugleich auch notwendige Schutzfunktion für den Seelenhaushalt des Menschen: Hässliches, Schreckliches legt sein Gehirn nach einiger Zeit ebenso im Hintergrund ab wie das Gewohnte, das Bekannte, damit es nicht das Erfassen von Neuem, den Aufbruch zu neuer Lebensgestaltung andauernd blockiere. Schönes hingegen, glänzende Erfolge, erinnern wir länger und intensiver.

Gegenüber dem Phänomen des Kürzer-Werdens der Jahre ist die Jagd ein Gegenmittel. Denn dem Jäger ist »das Jägerleben voller Lust und alle Tage neu«, wie die Zeile eines alten Jägerliedes erklingt. Alle Tage neu bedeutet in seiner Kehrseite: Wer der Routine verfällt, wer nicht stets mit heißem Herzen, geballter Kraft, angespannter Konzentration jagt, nicht nach Wind, Wetter und Wildgebahren seine Pirschen plant, der wird kaum Beute machen, kann kein richtiger Jäger mehr sein.

Es ist nicht nur die Kostbarkeit des Erlebens der Gaben der Natur, sondern auch die Einsamkeit, bisweilen ein besonderes Geschenk für die gestresste Seele. Deshalb bezeichnet Kramer-Klett in einem seiner Jagdbuchtitel die Jäger-Einsamkeit als Glückselige. Wer bewusst jagt, wird feststellen, dass er in diesen Stunden des Alleinseins im grünen Dom nicht nur Schlussstriche zieht unter Widerwärtiges der Vergangenheit, sondern vor allem Pläne schmiedet für die Zukunft, nicht nur und nicht erster Linie für jägerische Pirschgänge, sondern für seinen weiteren Weg durch das Leben. Um zu gelingen, braucht Leben Pläne. Lebenspläne aber entstehen aus Stunden des Denkens und Wägens.

Aber noch eine weitere Kostbarkeit erwächst aus dem Jägerleben: das Geschenk der Kameradschaft. In dem alten Jagdtagebuch eines Freundes meines Vaters, das vor allem aus vielfältigen schlesischen Jagdgefilden berichtet, aber auch von einigen wohlgeplanten Auslandsreisen, sind nicht nur die erlegten Stücke Wild notiert, sondern festgehalten sind an stets vorrangiger Stelle die Namen der Menschen, mit denen der Freund jagte, sodann erst die Stimmungen, die besonderen Gunst- und Ungunst-Erfahrungen.

Jede Jagd, jede Stunde draußen wird dem Jäger, wenn er sie bewusst erlebt und dankbar nachbetrachtet, zu einem erfrischenden Erlebnis – und manchmal zu einem großartigen Lebensereignis. Es geht nicht um die Abarbeitung von Rubriken im Pflichtenheft des Lebens, es zählt die ständige und beständige Teilhaberschaft am beglückenden kleinen, aber stets neuen Abenteuer Jagd.

Die Zeit des Draußen-Lebens weitet den Blick auf das eigene Leben. Und stets ist da die Vorfreude: Wer des Jägers Handwerk beherrscht, für den wird es weitere und viele solche Stunden geben! Das Glück über die Vielfalt solcher Lebensweise und Lebensweisheit lässt Furcht vor dem Verstreichen der Jahre nicht mächtig werden.

Fuchsmond Januar

Bevor die Fuchsranz beginnt, – das ist bei uns im nördlichsten Bundesland um die Mitte des ersten Jahresmonates, – ist der Fuchs gar nicht so schwer zu erjagen, jedenfalls nicht, wenn sich Frost und gar Schnee einstellt. Um diese Zeit hält der Rote seinen Pass, sowohl um die Abend- als auch um die Morgenstunde, den man bei Schneelage durch Abspüren feststellen kann, ansonsten aber erahnen oder ersitzen muss. Sei es, dass der Fuchs in dieser Zeit knapperen Nahrungsangebotes nun häufiger die Plätze aufsucht, an denen er zu früherer Zeit Beute gemacht oder Frass gefunden hat, sei es, dass er sein Revier besonders eifrig und regelmäßig beläuft, um sich beim jeweils anderen Geschlecht – oder womöglich der Konkurrenz – in Vorausahnung der herannahenden Ranzzeit in Erinnerung zu rufen: Im Fuchsmond ist Reinecke häufig um die Wege.

Für die wintertypischen Ostwindlagen, wenn es kalte russische und ostskandinavische Luft über die ausgekühlte Ostsee zu uns herein bläst, hatte ich an der westlichen Kurzflanke einer Waldwiese, die einen sehr guten Büchsenschuss lang und einen bequemen Büchsenschuss breit war, eine offene Leiter zwischen zwei dicht stehende Fichtenstämme geklemmt. Die Sauen machten die Wiese, solange sie naturbelassen blieb, des Abends, manchmal sogar schon in den letzten Minuten des verdämmernden Tageslichtes, zur ersten Station ihrer nächtlichen Streifzüge. Im Schutze des sie umgebenden Forstes brachen sie auf der Suche nach allerlei eiweißhaltigem Bodengetier das Grünland um, suhlten sich gelegentlich in einer sommers wie winters stets Wasser haltenden Lehmgrube am Waldwiesenrand oder badeten gar regelrecht darin. Mächtige glatte, silbern leuchtende Stämme entwurzelter Laubbäume, Buchen und Ahorne, die der auf die Blöße herein wirbelnde Weststurm gefasst und regelrecht herausgedreht hatte, boten sich als quer liegende Malbäume, geradezu als Malflächen, an. Die dahinmodernden Astgewirre der gefallenen Baumkronen schirmten die Suhle ab und hielten sie im Schatten, wenn bei den Ostwindlagen und den dazu gehörenden Klarnächten gleißender Wintermond auf die Waldwiese schien. Lastete tiefhängend eine dichte Wolkendecke über dem Land, so fiel das von der in fünfzig Kilometer Luftlinie entfernt liegenden Metropole in den Himmel hinauf strahlende gelborange Licht aus ihren abertausend erleuchteten Fenstern, ihren Lichtreklamen, den Autoscheinwerfern und Straßenlaternen, von der Wolkenschicht reflektiert, als hauchfeiner Flimmerschein auf die Wiese und tauchte sie in ein heimeliges tiefes Dämmern, das sich mit dem eingewöhnten Auge, erst recht mit dem lichtstarken Fernglas durchdringen ließ, so dass der ansitzende Jäger mit etwas Jagderfahrung nicht nur die Umrisse des Wildes erfassen, sondern auch die Stärke und das Alter der Stücke enträtseln konnte.

Als der Revierleiter auf meine Bitte eines Frühjahrs den Mittelteil der Wiese pflügen und mit einer Wildackersaatmischung einsäen ließ, ging nicht nur die Nachtsichtbarkeit zurück, – offensichtlich hoben sich die Silhouetten der Wildkörper vom gleichförmig sich unter dem Taufall herabsenkenden Wildgras besser ab als von dem vielfältigen feingliedrigen Blattgewirr der Äsungspflanzen, – auch die Sauen ließen die Fläche links liegen, sofern ich nicht mit einigen Handvoll Mais lockte, die ich zum Waldrand hin eingrub. Maschineller Umbruch, Einsaat und vor allem wohl die – für die Anlage eines Wildackers auf magerer Waldlichtung unerlässliche – Kunstdüngergabe hatten offensichtlich die Kleinlebewesenwelt des Untergrundes zerstört. Erst im Folgejahr, als wir die Wiese wieder sich selbst überließen, setzten die Sauen erneut mit ihrer Wühlaktivität ein.

Im Zuge meiner Bemühungen um die Sauen und um das damals dort noch sehr zahlreiche Damwild stellt ich nicht nur fest, dass allabendlich ein Hase sich in diese Wiese hinein mümmelte, sondern auch, dass gegen halb neun Uhr ein starker und eine knappe Stunde später ein etwas geringerer Fuchs sie aufsuchten. Reineckes querten allerdings die Wiese nicht; sie umrundeten vielmehr die Suhle und überschnürten, als dieser zugefroren war, sogar seine Eisschicht. Dieser Platz ist der kälteste im ganzen weiten Forst. In den ersten Hirschbrunftwochen fällt der Reif um die Sonnenaufgangsstunde, die zugleich wegen der Kühlungswirkung des Frühtaufalles die kälteste Stunde der Nacht ist, in die noch tief verschattete Wiese, während draußen vor den Wäldern schon die Morgensonne über noch sommerlich grüneWiesen flutet und daran gemahnt, dass einer der letzten Tage für ein spätsommerliches Bad in der nicht fernen Ostsee oder den Seen des östlichen Hügellandes anbricht.

Ich beschloss, dem Hasen zu Leibe zu rücken, mit dem Gedanken, ihn in abgebalgtem und zerlegtem Zustand in ein Weihnachtsgeschenk für ein liebes Freundespaar umzuwandeln, – zumal der Mann unter Gicht litt und Wildbret des Hasen hiergegen angeblich ein gutes und vor allem wohlschmeckendes Gegenmittel sein soll. Ich freute mich schon auf die Überreichung des mit weihnachtlich rotgrüner Schleife versehenen tiefgefrorenen Geschenkpaketes unter dem schmunzelnd vorzubringenden Hinweis: »Gegen die Gicht!« Es würde nicht schwer sein, des Hasen gelegentlich habhaft zu werden. Aber auch den Füchsen würde ich einige Nachtstunden widmen, sobald der Balg reif war.

Nachdem ich in den letzten Novembertagen im aufziehenden Mond einen Frischling gestreckt hatte, nahm ich beim nächsten Ansitz den Drilling mit hinaus. Das 6,2 Gramm schwere Teilmantel-Flachkopf-Geschoss aus seinem 6,5 mm-Kugellauf würde, nach mehrfach glücklich gewonnener Erfahrung, den Fuchsbalg sauber durchstanzen, zugleich aber ausreichen, eine geringe Sau oder ein Stück Damkahlwild im Schuss verenden zu lassen. Vor allem warteten auf einen nahe kommenden Hasen oder Meister Reinecke die Schrotläufe mit ihrer wunderbaren Deckung. Aus diesem Gewehr habe ich, durch das Zielfernrohr visierend und deshalb die Schrotgarbe präzis versendend, auf abgeschrittene volle große fünfundvierzig Männerschritte, und zugegeben auch noch einiges weiter, einige Füchse, Hasen, Kaninchen, Tauben geschossen, ohne dass je ein Stück Wild verloren gegangen wäre oder auch nur hätte nachgesucht werden müssen. Dabei schießen sowohl der rechte als auch der linke Lauf keinesfalls besonders eng. Das Geheimnis der Schrotläufe dieses seinerzeit nach detaillierten Aufträgen meines Vaters gebauten, äußerlich völlig schlichten Gewehres ist: Sie verteilen aus Viertel- und Dreiviertelbohrung die Schrotgarbe ohne intensive Konzentration zur Mitte, aber dafür mit gleichmäßiger Deckung und fast ohne über den Außenkreis abweichende Randschrote auf die große Pappscheibe, die ich mir probeweise einmal hinstellte. Auch eine ganze Anzahl gegen den glutrosafarbenen Frosthimmel anstreichender Enten haben ich mit diesem Drilling, 3 ½ mm-Schrot verwendend, beim winterlichen Entenstrich in den Marschwiesen aus großer Höhe herabgeschossen.

Als ich meinen Ansitz bezog, stellte ich fest, dass einige Placken des Wintergrases umgedreht lagen und wie dunkle Augen aus der sonst fahlgrüngrauen Wiese gegen den Dämmerhimmel hinaufschauten. Diese dunklen Flecken hätten mir am Vortage beim Vorbeifahren auffallen müssen! Sollten die Sauen doch schon wieder in der Wiese gebrochen haben? Normalerweise mieden sie, wenn ein Schuss auf ein Mitglied ihrer Rotte gefallen war, gleich ob das Stück an Ort und Stelle aufgebrochen oder unausgeweidet zur Wildkammer abtransportiert worden war, zwei Wochen lang die Wiese. Beim selben Mond hatte der Jäger also keine weitere Chance mehr, an gleichem Revierort auf sie zu Schuss zu kommen. Aber vielleicht suchte zu späterer Stunde eine zweite Rotte diesen heimlichen Ort auf? So lud ich, erneut auf eine Sau hoffend, den Drilling mit meiner Schwarzwildkombination: die Kugel sowieso und in den linken Schrotlauf eine Brennecke, was für kurze Schussdistanzen das Gewehr zur unkompliziert handhabbaren Doppelbüchse werden lässt, rechts dagegen dreieinhalber Schrot, entgegen meiner sonstigen ständigen Jagdgewohnheit, die da hieß: hinterer Abzug gleich linker Schrotlauf gleich Schrotschuss.

Der mit Drillingen erfahrene Jäger wird schon jetzt erahnen, was später geschah: Der Mond ging auf, der Frost biss in Hände und Füße und mehr und mehr neigte ich im Zuge fortschreitender Unterkühlung dazu, dass die auf die schwarze Seite umgedrehten Grasplacken schon seit längerem so gelegen haben mussten, sich nun im nächtlichen Zwielicht lediglich deutlicher abhoben als tagsüber und Sauen eher nicht zu erwarten seien. Ich trug mich mit dem Gedanken, den Ansitz hier im kältesten Winkel des Forstes aufzugeben, da rückte buckelnd und mümmelnd Meter für Meter der starke Waldhase heran. Weihnachten lag nicht fern; wofür hatte ich den Drilling dabei? Ich schob also leise die Schrotsicherung vor und nahm nach behutsamem Heben des Gewehrs den Hasen ins Zielfernrohrrund.

Die Schrotgarbe traf aus diesem Gewehr, visierte man durch das hoch über der Laufschiene stehende Zielglas, anderthalb Handbreit tief. Leidvolle Erfahrungen in Jungjägerjahren – es war immer noch das gleiche Gewehr, das ich führte, – hatten mich das austesten lassen. Einen Probeschuss aus den Schrotläufen, gezielt über das Fernrohr, kann ich jedem Jäger, der ein kombiniertes Gewehr sein Eigen nennt, nur empfehlen. Es bedarf dazu nur eines größeren Pappkartons, auf dessen Mitte ein Zielpunkt markiert wird, und einer Schrotpatrone. Das Zielobjekt wird auf einen Baumstumpf gestellt, man nimmt vierzig Schritte Abstand und sendet die Schrotgarbe auf den Punkt. Wenn man gelegentlich ein Flintenlaufgeschoss verwenden möchte, muss man, um nicht nur dessen Treffpunktlage, sondern zugleich auch die Streuung der Bleibatzen von Schuss zu Schuss zu kontrollieren, mindestens drei davon verschießen. Ein Blick auf den Pappkarton weist nun aus, wohin der Schrotlauf die Schrote und Bleibatzen versendet. Die Prozedur erfordert in der Tat nur zehn Minuten und den kleinen Aufwand des anschließenden Laufreinigens, bewahrt den Jäger aber womöglich vor einer Menge Enttäuschungen, mehrt seine Sicherheit und die Freude an dem kombinierten Gewehr, – und vor allem erspart sie Experimente am lebenden Wild. – Die Zeiten, in denen der Gewehrlieferant Anschussbilder, auch der Flintenläufe, dem auszuliefernden Gewehr beigab, gar noch separat für den Schuss über die blanke Visierung und das Fernrohr, sind ja wohl leider vorüber.

Jedenfalls hielt ich, langsam den hinteren Drillingsabzug durchkrümmend, dem Hasen, als er breit sitzend sich zu einer nachdenklichen Mümmelpause aufrichtete, gut über die Spitzen der Löffel, eingedenk dessen, dass die Hauptgarbe Kopf und Hals treffen und wenig vom Hasenbraten in Mitleidenschaft ziehen sollte, – und das bewahrte ihn knapp davor, vom Flintenlaufgeschoss getroffen und zerlegt zu werden. Es muss scharf über ihn hinweg gepfiffen sein. Ich habe sorgfältig nachgesucht. Dem Hasen war nichts geschehen. Aber er hatte begriffen, dass nächtliches Herummümmeln auf der Waldwiese lebensgefährlich sei und mied sie von nun an konsequent. Und auch ich hatte etwas verstanden, nämlich dass man als Jäger niemals von wohlweislich erworbenen Handhabungsgewohnheiten beim Umgang mit dem Gewehr abweichen sollte.

Im Dezembermond fanden sich dort wiederum die Sauen ein, und ich schoss Nächtens einen Frischling. Die Rotte kam später als beim vorigen Mond, so konnte ich das Verhalten der Füchse beobachten und die Stunde ihres Zupasses vormerken. – Erst am Dreikönigstag warf es den ersten Schnee, wie es in Holstein häufig der Fall ist, wenn nicht gar der Winter noch später kommt – oder ganz ausbleibt. Ich bezog den suhlennahen Ostwindhochsitz, lud beide Drillingläufe mit schwarzen dreieinhalber Rottweiler Schrotpatronen und harrte der Dinge. Wir schritten schon wieder auf Neumond zu. Der unrund gewordene Mond würde erst spät über den Fichtenwipfeln aufziehen, aber die Schneehelle, unterstützt vom gelborange überhauchten Hamburg-Himmel, gab ausreichend Licht. – Im Bestand hinter mir vernahm ich ein Knacken, schleifendes Ziehen, dann das stapfende Eintauchen der Schalen eines schweren Stückes Wild in den Schnee. Ohne den Kopf zu drehen schielte ich nach allen Seiten steil abwärts von meinem luftigen Platz. Ein Damspießer war es schließlich, der hart an meinem Wind vorbei wenige Meter

unter mir in die Wiese hinein zog, sie schließlich der Länge nach querte, ohne einmal zu verharren oder gar den Versuch zu unternehmen, an den aus dem Schnee herausragenden Grasbülten zu äsen. Was führt ein Wild dazu, einem fernen Ziel im weiten Forst zustrebend, ausgerechnet über eine vom Pappschnee bedeckte Wiese zu wechseln, statt die fast schneefreien nadel- und winterlaubgepolsterten Wechsel im Bestand zu nutzen? Haben die Altvorderen, die diese Wiese anlegten, gewusst, dass hier ein Fernwechsel verlief, vielleicht einer Wasserader folgend?

Dann glitt ein Schatten durch das Ästegitter der vom Sturm geworfenen Buchenkrone, verschwand hinter den mit kleinen Schneehauben bedeckten Erdbuckeln, die den überfrorenen Suhlentümpel umrahmten. Diese Sekunde nutzte ich, den schweren Drilling geräuschlos zu heben. Jetzt durfte kein Gewehrriemenbügel klirren! Auf dem überschneiten Eis stand nun die schwarze Fuchssilhouette. Lang hing die Lunte im Schnee nach. Ein wenig weit war es für einen Schrotschuss dort hinüber. Sacht berührte schon mein Daumen den Schieber für die Kugelspannung. Da wandte sich Reinecke, wie in einem plötzlichen energischen Entschluss, mir zu, setzte in den Böschungshang, war einen Augenblick verschwunden und stand schon unter den Hügeln, sich halbbreit wendend, die Nase in den Schnee an eine der Grasbülten steckend. Die Schneebehänge schluckten den Schrotschussknall, es gab keinen Widerhall, nur ein dumpfes Krachen. Ohne auch nur mit der Lunte zu schlagen, lag der Fuchs lang ausgestreckt im Schnee. Genau fünfunddreißig Schritte waren es vom Fuß der Leiter bis zu dem starken düsteren Rüden. Als prachtvolle Beute hing er andern Morgens am Kirschbaum des Hausgartens vor dem Fenster, so dass meine Söhne ihn aus der warmen Wohnstube bewundern konnten. Was für eine prächtige Beute doch so ein Winterfuchs ist! Ein Kohlfuchs war es mit schwarzem Brustlatz, ebenso düsterrauchig angehauchten Läufen und einer langen, kräftigen in der Mischung aus Rot und Schwarz braun schimmernden, zur Spitze hin sich verdunkelnden Lunte.

Das Erlebnis im zurückdenkenden Wiedererleben genießend, erkannte ich, dass ich des zweiten Fuchses wegen, der dort um die Wege war, nach dem Schuss ein weiteres Stündchen hätte ausharren sollen. So ein das Gemüt wärmendes Erfolgserlebnis wirkt sich bekanntlich auch auf das körperliche Wohl- und Wärmegefühl aus. Eine gute Weile noch im einmal bis zum Kragen geschlossenen Ansitzsack, auf den im wahrsten Sinne des jägersprachlichen Wortes gestreckten starken Fuchsrüden herabschauend, hätte mir sicher keine Lungen-, Blasen- oder sonst welche Entzündung eingebracht. Allein der dumpf krachende Schussknall, wenn sich danach nichts, aber auch gar nichts auf Menschenanwesenheit Hinweisendes rührt, vergrämt selten den Fuchs. Frostkrachende Äste oder unter der Spannung der wechselnden Temperaturen knallend berstendes Eis hören sich wohl nicht anders an. Aber leise sein, bis hin zum geräuschlosen Nachladen einer – in der Außentasche des Wintermantels wohlbereiten – Patrone gehören zum Rezept für einen weiteren Nachtansitzerfolg.

In mir erwuchs der Plan, es des Abends noch einmal zu versuchen, diesmal später kommend und auf die Kenntnis vertrauend, dass im Winter vor der Ranzzeit, zumal bei Frost und Schnee, der Fuchs Pass und Stunde hält. – So saß ich also wieder in der Fichtenleiter, das Gewehr bereits in die erhoffte Schussrichtung gegen die Brüstung gelehnt, den Gewehrriemen entwirrt und auf Klirrfreiheit geprüft. Sonst habe ich auf dem Ansitz gern ein wenig Wegzehrung dabei, mein Abendbrot, ein Täfelchen Schokolade, eine Banane, ein kleines Getränk. Beim Fuchsansitz auf offener Leiter hat man sich dergleichen Genüsse aber zu verkneifen. Nur die Augen bewegen sich, nachdem in erster Ansitzminute alle Kältelöcher zwischen Ansitzsack, Schal, Mütze, Handschuhen geschlossen sind und die für langes Ausharren bequemste Sitzposition gefunden ist.

In der Mitte der zehnten Stunde wiederholte sich das Spiel des Vorabends; der dunkle Schatten unter der im Schnee liegenden Baumkrone erschien diesmal allerdings schmaler und länger. Um das Gewehr geräuschlos zu ergreifen, musste ich meinen Blick ihm einen Augenblick zuwenden; danach war der Fuchs mir aus dem Gesichtsfeld verschwunden. Regungslos verharrte ich im Halbanschlag. Nur jetzt nicht müde werden, nicht verfrüht den Drilling in die Warteposition zurückstellen! Minuten später war, weiter seitwärts von der Suhle als am Vorabend und weiter draußen, der lange Schatten plötzlich in der Wiese. Deutlich erkannte ich die nachschleifende Lunte im Rund des Zielglases. Der Zielstachel glitt hoch vorn über die Gehöre des breit dahin schnürenden Wildes und der trocken-dumpfe Schuss brach. Der Fuchs, dies gewahrte ich trotz des Mündungsblitzes am Zielfernrohr vorbei, schnellte in flachen Fluchten vorwärts und – war verschwunden. Es hielt mich nicht lange. Ich schälte mich aus dem Ansitzsack, warf ihn herab, entklomm dem luftig-kühlen Auslug und trat in die Wiese hinab. Vom Anschuss des

Vortages, den ich der eigenen Hin- und Rückspur im Schnee folgend, sogleich wiederfand, wandte ich mich halblinks und stieß nach zehn weiteren Schritten auf eine tief eingedrückte waldrandwärts führende Fuchsspur, in und hinter der dumpfe runde Tupfer im Schnee standen. Nachstapfend, das Gewehr schussbereit in den Händen, stolperte ich nahezu über den Fuchs. Wie aus voller Flucht überrollt, lag er halb auf den Rücken gewendet. Erst jetzt zog ich die kleine starke Lampe aus der Brusttasche, wo sie winternachts alljährlich an gleicher Stelle ihren Platz hat. Eine voll ausgewachsene sicher vorjährige Fähe war meine Beute, mit hellem kleinem Brustlatz, weißer Luntenspitze und fuchsroten Läufen. Als ich die Lampe verlöschte und mich umschaute, schob er sich eben über die Fichtenwipfel, und begann, Silberkringel neben die dunklen Baumschatten auf meinen Heimweg zu werfen: der Januarmond.

Februarsauen

Mit dem Beginn des Februar ist nach Meinung mancher Jäger die gerechte Zeit für die Saujagd schon vorüber. Denn gegen Ende des Monats frischen manche Bachen bereits. Andererseits sind gerade um diese Zeit die Frischlingsrotten häufig allein unterwegs. Sei es, dass sich männliche Stücke in kleinen Trupps von der Mutterbache abgetan haben und allein umherstreifen. Sei es, dass die rottenführende Bache bei den winterbedingt weitschweifiger gewordenen nächtlichen Zügen auf der Suche nach Frass dem Straßenverkehr zum Opfer gefallen oder erlegt worden ist. Die übrig gebliebene kleine Rotte aus freilich schon selbständigen Frischlingen sucht dann neue Einstände. Im Februar ist es an der Zeit, an den bekannten Fraßplätzen, auf abgeernteten Maisfeldern oder unter Eichen und Buchen, die Mast getragen haben, nach diesen Frischlingsrotten zu suchen. Oft kommen sie an weniger heimlichen Plätzen und zu zeitigerer Stunde als ihre älteren, gewitzteren Artgenossen.

Eine solche Rotte meinte ich nun an der den Forst querenden Landstraße ausgemacht zu haben: Wieder und wieder waren dunkelbraune Haufen Eichenlaubes am Rande der Chaussee aufgeworfen und einzelne runde Trichter doppelt handspannentief ins Laub hinein gegraben. Im Vorbeifahren nimmt das kundige Jägerauge solche Veränderungen in dem vom Winterregen flachgedrückten fahlen Hartgras und in der hellwelken zusammengepappten Laubschicht wahr. Dann fiel auch noch Schnee, und schon am Tag nach der Neuen stachen braune Blätterkreisel am Straßenrand aus dem Weiß hervor. Diese eindeutigen Zeichen nächtlicher Sauaktivitäten wiesen sich vor einer mit Fichten- und Kiefernhorsten durchsetzten dichten Buchendickung. Das Fährtenbild ergab, dass zwei oder drei geringe Sauen sich hier den Resten der Eichelmast zuwandten, die bislang wegen der gefahrbringenden Nähe zur Straße von anderem Wild und älteren Sauen verschmäht worden war. Alles sprach dafür, dass sich die Sauen nahe der Straßenrandeichen gesteckt hatten. Nur, wie sollte ich der Schwarzkittel habhaft werden? Hochsitze standen hier, wo die Straße mitten durch den Wald schnitt, wo es keine Freifläche, keine ungestörte

Schneise gab, selbstredend nicht. Die Sauen hatten einen Fraßplatz gefunden, an dem man ihnen nicht auf die Schwarte rücken konnte! Hinzu kam, dass eine ganze Reihe Eichen in größerem Abstand längs der Chaussee aufragte, und die Schwarzkittel einmal unter dieser, das andere Mal unter jener gebrochen hatten.

Das Planen einer jagdlichen Aktion gehört zu den schönsten Unwichtigkeiten des Lebens, – schließlich fristen wir ja nicht mehr, wie vor langer Zeit unsere Vorfahren, unser Dasein vom Erfolg der Jagd oder auch des Fischfanges. Gerade deshalb bringt das somit unbeschwerte Planen so viel Freude! Vielleicht macht es uns stark in unserer Seele, wenn von dem Urmenschgefühl des Beute-Erhoffens ein Funke ins uns aufglüht. – »Wenn ich der Keiler wäre ...«, begann ein hochbegabter Jäger und guter Freund einmal seine Überlegungen, wo wir des Keilers gewärtig sein könnten, der sich in der Feldmark seines Reviers hin und wieder gefährtet hatte, aber tagsüber sicher weit entfernt im Landesforst steckte. Nun denken, – wenn diese wissenschaftliche Meinung stimmt, – Tiere ja wohl nicht, sondern handeln aus ihrem Instinkt. Aber auch instinktmäßige Reaktionen lassen sich abschätzen und wunderbare Jägerpläne und Jagdabenteuer daraus machen! Ich werde nie vergessen, wie ich in Vollzug eines solchen Planes mit dem ablaufenden Wasser von einem Jagdfreund zu einer Schlick- und Sandinsel im Elbestrom gerudert und mutterseelenallein – bis auf meinen Hund – dort abgesetzt wurde, während der Freund sich mit dem Boot festlandsnah in einem Schilfhorst seitlich eines Priels festlegte und trocken fallen ließ. Eine ganze Tide sollte ich dort ausharren. Als das Wasser wieder auflief und ich mich langsam, mein Bündel Krickenten mitschleppend, immer weiter auf den höchstgelegenen Teil des Eilandes zurückziehen musste, kam mir der Gedanke, dass unser wunderbarer Jagdplan möglicherweise das Handikap haben könnte, wechselnde und damit auch höhere Wasserstände bei der herrschenden Westwindlage nicht berücksichtigt zu haben. Jedenfalls schaute ich von dem Moment dieser kritischen Planbetrachtung an nicht nur nach den himmelhoch dahinziehenden Enten, sondern ziemlich häufig auch zu Boden, besser gesagt zum Schlick vor meinen Stand. Mittels eines handbreit vor dem Spülsaum eingesteckten Schilfhalmes prüfte ich, ob das Wasser weiter stieg. Das tat es, furchterregend schnell! Wieder und wieder musste ich aus meiner Schilfdeckung heraus treten und den Halm zurück setzen, wenn das braugraue Elbwasser ihn erreicht hatte! Eine ganze Zeit lang ging das so. Würde ich am Ende ein Opfer der Flut –

und meiner Passion werden? Schmaler und schmaler wurde mein Eiland in der weiten Wasserwüste des Elbestromes! Nach dem siebten Rückwärtsversetzen aber blieb ein Abstand zwischen den stetig plätschernden Elbwellen und meiner improvisierten Wasserstandmarke: Die Tide stand, es herrschte Stauwasser! Ich konnte mich wieder auf die hoch streichenden Enten konzentrieren, bis der Kamerad mit seinem Ruderboot mich samt Hund und reicher Beute aufs sichere Festland einholte.

So bin ich heute in der Lage, dieses Abenteuer aufzuschreiben.

Um der Wildschweine an der Landstraße habhaft zu werden, fiel mir nichts ein. Sie hatten, bedingt durch die winterliche Nahrungsverknappung, einen Teil ihrer Scheu verloren und in Konsequenz dessen nahe dem asphaltschwarzen Menschenwechsel ihren Einstand gewählt. Er lag sicher in der an die Chaussee grenzenden Dickung. Mit dem Ort ihrer nächtlichen Fraßsuche, unmittelbar am Straßenrand, hatten sie sich so etwas wie eine unbezwingbare Burg geschaffen, der kein Jägerplan gewachsen war. Endlich wusste ich, wo in meinem Beritt Sauen steckten, aber ich konnte die Jagd auf sie nicht ausüben! Eines Abends befuhr ich, von einem sehr verspätet anberaumten nachweihnachtlichen Treffen zurückkehrend, zu schon nächtlicher Stunde die Straße heimzu. Natürlich hatte ich das vom Fahrzeugscheinwerfer angestrahlte grau-schwarzweiße Raster des eingeschneiten Dickungsrandes in halbem Blick. Mit einem Mal standen zwei dunkle Schatten auf dem Fahrradweg. Ich wurde langsamer, ließ die Wagenscheibe herunter, so dass ich das Schlurfen der Reifen auf den zusammengeeisten Schneeresten vernahm. Als ich fast neben den schwarzbraunen Gestalten war, warfen sie sich mit dieser sautypischen so ungewandt wirkenden, aber unglaublich schnellen Volte herum und schlüpften unter den verschneiten Dickungsmantel.

In dieser Nacht lag ich schlaflos; die Silhouetten der Sauen auf dem Schneeuntergrund standen mit magischer Anziehungskraft vor meinen Augen. Wie von selbst erwuchs folgender Plan: Ich würde in der kommenden Nacht um die gleiche Stunde, eher etwas zeitiger, in voller Winterpirsch-Ausrüstung hinaus fahren, in eine Schneise abbiegen, dort lautlos bei ausgeschaltetem Scheinwerfern verharren und dann mit bereiter Büchse mich Schritt für Schritt an die Straße vorantasten, um zu prüfen, ob die Sauen wieder da waren, – wofür alles sprach, – und mit viel Glück von der Straße her, in den einen guten Kugelfang bietenden, jenseitigen Dickungsrand hinein, eine Kugel loswerden. Das setzte freilich ein wenig Mondhelle sowie geräuschlos bepirschbaren Schnee voraus, damit ich überhaupt dem Wild nahe kommen und am Rande der auch bei Schnee dunklen, weil vom Wald beschirmten engen Straßenschneise einen Schuss loswerden konnte. Den Tag über harrte ich voll Ungeduld des Abends, aber als er anbrach, und die Stunde der Tagesnachrichten im Fernsehprogramm vorüber war, überfiel mich die Müdigkeit und zugleich die Frage, ob der ganze Plan nicht ein Hirngespinst meiner Überpassion sei. Da ich es aber schwer ertrage, einmal gefasste Vorsätze ohne wirklich zwingenden Grund aufzugeben, zog ich mich tiefwintergemäß an, einschließlich der warmen Jäger-Unterwäsche, schlüpfte mit den üblichen Verrenkungen in den Overall, verzichtete aber auf den Ansitzsack und stapfte mit Glas und Büchse hinaus zum Wagen. Ja, der Mond schaute bisweilen, wenn auch ein wenig verschleiert, durch die grauwattenen Wolkenbänke. Trotz des störenden Streulichts der Stadthelle gewahrte ich im Vorgarten unter dem Schatten der großen Kiefer die Verstrebungen der vom Sommer her stehenden gebliebenen Gartenstühle gegen die Schneedecke. Das bedeutete ein gutes Vorzeichen: So schlecht war mithin das Licht nicht!

Ich fuhr also los, an der Stelle vorbei, an der ich am Vorabend den verblüffenden Sauanblick erhascht hatte, schwenkte in die nächste Schneise hinein, löschte dabei das Licht, schaltete den Motor aus, öffnete halb die Tür und rollte so noch ein Stück weiter. Die Fahrzeuginnenbeleuchtung war abgeschaltet, eine Patrone und das gefüllte Büchsenmagazin lagen auf dem Nebensitz. Ich angelte die kurze Mannlicher herüber, lud in der halboffenen Tür mit vielfach geübter Handhabung geräuschlos das vertraute Gewehr und glitt aus dem Fahrzeug. Die Tür blieb angelehnt. Der Schnee knurpste unter den ersten sachten Schritten; langsam, ganz langsam musste ich voranschreiten. Nur keine Hektik, es war viele Nachtstunden Zeit! Mit dem weiteren Heraufsteigen des Mondes würden die Baumschatten kleiner werden, der winter- und nachtzeitbedingt ohnehin fast eingeschlafene Verkehr würde noch weiter abflauen. Die hundert behutsamen Schritte bis hinauf zur Straße beanspruchten eine Viertelstunde. Mattgrau schimmerten die Kanten einzelner vereister Schneereste auf dem wieder überfrierenden Straßenband. Gerade als ich an die Asphaltbahn trat, summte ein Fahrzeug heran. Ich trat zurück unter den Schatten einer mächtigen Kastanie und wandte den Kopf ab, um nicht von der Scheinwerferblendung für viele Minuten nachtblind zu werden, schaute aber nach dem Passieren des Fahrzeuges dem nun nicht mehr sonderlich grellen, langsam sich entfernenden Lichtkegel nach. Was ich

K.-P. Reif

sah, verschlug mir den Atem: Zwei dunkle Schatten bewegten sich unter den herabschwingenden schneebeladenen Kiefernästen, wandten sich, gerade eben noch vom Streulicht des Scheinwerferstrahles berührt, zurück und waren wenige Minuten später wieder draußen. Etwa zweihundert Meter nördlich von der Stelle unserer Begegnung am Vorabend hatten sich die Sauen die dort bisher unberührte Streu unter einer Straßenrandeiche vorgenommen. Deutlich sah ich die frischen dunkel auf dem Schnee sich abhebenden Laubaufwürfe. Dort würden die Sauen sicher bis tief in die Nacht beschäftigt sein. Nur: wie dort hingelangen, ohne auf dem knurpsenden Schnee das Wild zu vertreten? Ich musste die Straße als Pirschweg benutzen. Dazu würde ich das nächste in Richtung der Sauen fahrende Auto abwarten und diesem dann auf zügiger Sohle nachpirschen. Sonst ist dort vor allem sommertags, wenn sich eine Verkehrslawine aus der Metropole an die Ostseestrände ergießt, kaum ein Herauskommen aus einem der Waldwege, jetzt aber kam kein Fahrzeug. Endlich näherte sich Fahrgeräusch, aber aus Richtung der Sauen. Wieder sah ich, wie sie, vom Licht erfasst, sich in eckiger unwilliger Volte waldwärts wandten. Dann musste ich wegschauen, um nicht durch die Scheinwerferblendung das Nachtsehvermögen für etliche Minuten einzubüßen. Im lichtstarken Glas gewahrte ich einige Augenblicke später, dass die Sauen bereits wieder unter ihrer Eiche an die Arbeit gingen. Endlich näherte sich ein Fahrzeug aus der Gegenrichtung, ich trat hinter ihm auf die Straße und pirschte ihm raschen Schrittes nach, um möglichst lange den Fahrzeuglärm als Tarnung meiner eigenen Trittgeräusche zu nutzen. Aber allzu rasch war der Wagen davon und ich stand allein im kalten, glücklicherweise mir ins Gesicht stehenden Windzug auf der Straße.

Von einem saujagderfahrenen Förster hatte ich gehört, dass man winternachts bei gutem Mondlicht im Wald auf die Sauen pirschen könne. Das Schwarzwild sei zu später Stunde im Forst, da es sich nachts im Schatten der Überhälter sicher fühle, oft ungeniert und laut unterwegs, so dass, sofern nur der Wind stimme, der langsam pirschende Jäger sich den Rotten verblüffend leicht nähern könne. Meine auf diese Hinweise unternommenen Versuche hatten allerdings zu keinen Erfolgen geführt. Außer dem klagenden Ruf der Waldohreule und dem Juchen der Käuze sowie dem allenthalben in unserer Region vom Nachthimmel hörbaren Gig-Gag der Graugänseflüge hatte ich nichts vernommen. Jetzt aber ging ich, des Försterhinweises gedenkend, in langsamer gleichmäßiger Bewegung, aber doch so zügig, wie es auf der glatten Chausseedecke möglich war, auf die Sauen zu. Dabei hielt ich mich tief gebückt, damit meine Silhouette sich wenig gegen den verschneiten Waldmantel abhebe. Als ich den schwarzen Gestalten mit einem Mal aufregend nah gegenüber war, hockte ich mich nieder, drehte das Zielfernrohr auf eine große Vergrößerung und visierte hinüber. Aber die Schatten waren verschwunden; ich wollte mich in jäher Enttäuschung schon eratmend erheben, da traten sie geräuschlos wieder hervor. Die Wildkörper erreichten knapp die Höhe der Leitpfosten, und in der stark vergrößernden Optik gewahrte ich im Mondschimmer sogar einen Hauch Braun auf der Schwarte: Ich hatte eindeutig stramme Frischlinge vor mir. Jenseits der Eiche öffnete sich der Bestand in eine winzige schneelichte Senke; dort hinein ließ sich gefahrlos schießen. Ich ging, als eine der Sauen in die Mulde hinein zog, hoch und vorn in den Wildkörper, und der, – nachdem ich einmal Fadenkreuz und Wildkörper zusammen gebracht hatte, – einfache Schuss brach. Sein Knall ward vom schneebehangenen Baumbestand verschluckt. – Eine Stunde, nachdem ich voll winterwaldmäßig vermummt in die unwirtliche Nacht aufgebrochen war, hing der Frischling schon neben der Försterei am Wildgalgen, und noch vor Mitternacht lag ich bereits, in tiefem Frieden mit mir selbst über die gelungene Umsetzung eines außergewöhnlichen Jagdplanes, unter der warmen Daunendecke. – Jedesmal, wenn es Februar wird, suche ich seitdem nach den Fraßplätzen der Sauen und spekuliere, ob ich dort anstelle des einfachen und doch oft erfolglosen Herumsitzens an der Kirrung mir eine eigenwillige herzerfrischende Spätwinter-Jagdüberraschung verschaffen kann.

Ist ein Jagdbezirk nicht mit von den Sauen regelmäßig aufgesuchten Wiesen oder Laubholzpartien gesegnet, so bleibt dem schwarzwildpassionierten Jäger nur das Ansitzen am Kirrplatz. Erscheinen die Sauen unregelmäßig, wie dort, wo sie aus der Tiefe des Forstes verschiedene Anwechselmöglichkeiten haben, auf denen schon allerlei Fraß und womöglich auch die von den dort Jagenden eingerichteten Kirrungen sie aufhalten, so hilft bekanntlich nur, wenn man letzten Endes zu Schuss und Beute kommen will, regelmäßiges und lang andauerndes Ausharren mit viel Geduld und vor allem eines: wieder heimgehen, wenn vor Ort der Wind nicht stimmt oder umschlägt. Haben die Sauen nämlich herausgefunden, dass an ihrem Fraßplatz zu nachtschlafender Zeit, wenn sonst nie ein Spaziergänger, Jogger, Pilzsucher um die Wege ist, beständig die Menschenwitterung lastet, so werden sie leise wieder von dannen ziehen, während der ausharrende Waidmann buchstäblich in den Mond schaut, nicht ahnend, wie nahe sie ihm schon gewesen waren. In den Folgenächten werden sie noch später kommen, lange sichern, den Ansitzplatz geräuschlos umgehen, um mit erhobenem Wurf aus bergender Deckung wieder und wieder den Wind zu prüfen. – Wenn ich das aufregende Zusammentreffen mit einer Sau erinnere, die eben diese Vorsichtsregeln einhielt, läuft es mir noch heute heiß über den Rücken, so winterkalt der Abend dieser Begegnung auch gewesen ist. Es war genauer gesagt eine Fast-Begegnung, denn ich habe das Schwein, wie man hierzulande durchaus waidgerecht sagt, niemals gesehen. Sie ereignete sich nahe einer Kirrung, die an einem der Hauptwechsel der Sauen aus dem Waldesinneren hinaus zum Feld lag, wohin Maisstoppeln und eichenbestandene Knicks die Sauen lockten.

Die erwähnte Kirrung verstärkte sozusagen die Gunstlage des Ansitzplatzes an dem Hauptwechsel. Eine Suhle lag zudem dort am Wegesrand. An der Kirrung standen die Fährten oft so dicht, dass sich einzelne Sauen nicht herauskennen ließen. Auf ihrem Wechsel dorthin hatten aber stärkere Stücke manchmal den verlockenden Platz umkreist und dabei ihre Visitenkarte im Wegessand, im Winter im Schnee, so sauber hinterlassen, dass ich einzelne Sauen wieder erkennen konnte. Da stand eine mittelstarke Fährte, die ich einem Überläuferkeiler zurechnete, den ich eines Sommermorgens auf dem Weg gesehen hatte. Nicht außerhalb der Reichweite meiner Büchse, aber außerhalb der an einem warmen Sommermorgen vertretbaren Entfernung für den Schuss auf eine Sau, hatte er sich, mir den quirlenden Pürzel zeigend, an das Untersuchen der Ränder einiger langgezogener Wasserlachen gemacht. Ob ertrunkene Regenwürmer oder irgendwelche Insektenlarven ihm dort schmeckten? Oder nehmen Sauen gar Schnecken auf? Aber es stand ab und zu seit der Rauschzeit im November eine weitere Fährte hin und her zwischen den beiden Waldabteilungen. Diese Fährte war von ganz anderem Kaliber: Rechnete man das stark ausgeprägte Geäfter mit, so passte meine ganze Hand in die Abdrücke. Nie war es mir gelungen, dem Hauptschwein zu begegnen. Ich kannte es nur von seiner Fährte. Auch die Nachbarjäger hatten von einer atemberaubenden Keilerfährte berichtet, die nach mondlosen Nächten im frisch geeggten Acker unter den Waldrandeichen gestanden habe.

Es lag nun, im Spätwinter, noch Hochschnee, so hoch, dass meine kleine allradgetriebene Limousine sich kaum auf dem Hauptweg in den Forst hinein wühlen konnte. Dort stand eine alte Fahrzeugspur unter dem frischen Schnee, in der kam ich voran. Mitten auf dem Waldweg ließ ich mein Gefährt stehen, denn an die Seite in den Tiefschnee konnte ich mich nicht wagen. Nicht auszudenken, dass ich in später Nacht hätte eine Bauern mit seinem Traktor herbei telefonieren müssen, um mich herausschleppen zu lassen. Vom Abstellplatz bis zur Suhle mit den rings um sie aufgestellten Holzklötzen, unter denen ich mit Mais gekirrt hatte, waren es nur zweihundert Meter. Sie wurden mir allerdings zu einer argen Tortur, denn mein linkes Knie war frisch operiert, und das Staksen im hohen, an den Stiefeln klebenden Schnee fiel mir schwer. Auch die Gehhilfe, wie die ordnungsgemäße Bezeichnung für eine Krücke ist, – so hatte mich die Oberschwester beim Verabschieden aus der Klinik in aller Strenge belehrt, – nützte mir wenig. Denn mit dem schweren Gewehr über der Achsel, dem Ansitzsack in der einen und der Gehstütze in der anderen Hand ließ sich nicht gut marschieren. Aber ich hatte ja Zeit, nur keinen Lärm machen, nur nicht ins Schwitzen kommen und anschließend, beim stillen Ausharren auf luftiger Leiter, ins Frieren geraten! Endlich gelangte ich unter die offene Leiter, ließ die metallene Unterarmstütze in den Schnee gleiten und zog mich mühsam aufs Sitzbrett hinauf. Über und über waren die Fichten, die Waldgräser, das Weggeleis, die Eisfläche der Suhle mit Schnee überpappt. Nur gut, dass die tiefe Wolkendecke das Licht des zunehmenden Mondes dämpfte. Bei klarem Himmel hätten all die Schneeflächen und Schneevorhänge glitzernd das Licht des Himmelstrabanten reflektiert; fast taghell kann es in solchen weißen Nächten werden. Für den Ansitz auf ein erfahrenes Stück Schwarzwild sind sie zu hell. Denn: »Die Sau darf ihren Schatten nicht sehen!« sagen die Alten.

Ich saß noch nicht lange in der feuchtkalten diesigen Luft und hatte außer dem häufig die Suhlenrandbäume aufsuchenden Waldkauz, der die Kirrung auf seine Weise nutzt, nämlich zur Jagd auf die vom Kirrmais angelockten Waldmäuse, und dem ebenfalls ortsbekannten Hasen nichts gesehen. Immerhin, auf über zweihundertfünfzig Meter Entfernung, – ich kannte die Distanzen hier herum vom Abzählen der Schritte während des Abfährtens genau, – hatte ich den Hasen beim probeweisen In-Anschlag-Gehen im Zielfernrohr gehabt. Das Licht war also allemal gut für den Schuss auf eine Sau. So ein strammer Waldhase in seinem seidigen Balg, sauber mit der kleinen Einstecklaufkugel gestreckt, ist eine prächtige und zudem nicht häufige Waldjägerbeute. Dieser hier aus der Sippe Lampe hatte meine Begehrlichkeiten schon mehrfach überlebt; jetzt aber genoss er den Schutz der Schonzeit, und: wer schießt schon auf einen

Hasen, wenn es um Sauen geht, – so fein auch, kurz, aber nicht zu kurz, in Butter gebratene Hasenfilets, – die übrigens von erstaunlicher Größe sind, – an einem Schmuddelwetter-Winterabend nebst einem Glas Rotwein munden.

Auch an diesem Abend schien das im Nachtglas eindeutig aus der weißen Bahn des Waldesweges herauslesbare, allerdings schon wieder ein wenig überschneite Fährtenbild darauf hinzuweisen, dass Sauen die Kirrung aufsuchten. Es war erst in der zweiten Stunde nach dem Einbruch der Dunkelheit, da vernahm ich jenseits des Holzabfuhrweges, den ich gerade herauf gekommen war, ein tiefes Glucksen. Solch eigenartiges Geräusch entsteht wohl, wenn Sauen mit tief in den Boden oder in den Schnee eingefurchtem Wurf Fraß regelrecht herauf saugen. Man hört es nur, wenn die Schwarzkittel schon recht nahe sind. Regungslos lauschte ich hinüber, mit halbgeöffnetem Mund, um besser hören zu können, die Hand schon am Drilling. Lange blieb es still, dann ein Knacken, ein Blasen und wieder das Glucksen. Kein Zweifel, dort zog eine Sau! Nach dem, wie die Geräusche ihren Ausgangspunkt veränderten, würde sie in fünfzig Meter Entfernung, gleich hinter der Suhle, vor mir den Weg queren. Der Wind stand von der Dickung zu mir her. Geräuschlos sog ich die Luft ein. Rotwild habe ich schon öfter mit dem Geruchssinn wahrgenommen, warum sollte Gleiches nicht auch bei einer Sau möglich sein? Aber bei Frost und Nassschnee trägt die Witterung wohl nicht eben weit. Jedenfalls stieg mir nicht ein Hauch des typischen Saugeruches in die Nase. Aber es bestand kein Zweifel: die Sau kam, und schief gehen konnte nichts mehr! In dieser Schneenacht, in der sich immer wieder feine weiße Fahnen aus Eiskristallen von den Bäumen ablösten und einzelne Neuschneeflocken aus der tiefen Wolkendecke herab rieselten, würde der Sauinstinkt keinen Menschen im Wald argwöhnen. Mit einem Mal vernahm ich schweres Anstreifen an gefrorenem Gezweig, deutlich näher und mehr seitwärts, nicht mehr schräg vor mir. Die Sau musste ihre Richtung geändert haben. Sie zog schnurgerade auf meine Leiter zu! Die Dickung war erstmals geläutert worden. Es gab eine leider etwas krumm geratene Seitenschneise, in die ich aber immerhin einige Meter hineinsehen konnte, und ein Stück weit ließ sich auch durch einige Lücken zwischen den doppeltmannshohen, von Anflug untersetzen Fichten in den Jungwald hinein spähen. Irgendwo musste jetzt Schnee von den Zweigen rutschen, ein schwarzer Schatten auftauchen und mir Anhaltspunkte geben für die Größe des Wildkörpers! War es der Überläufer, so würde ich sofort schießen, war es der mächtige Keiler, so blieb mir eingedenk dessen, dass er bereits Schonzeit hatte, nur aufatmendes Bewundern des seltenen Anblicks. In Sekunden würde sich das entscheiden! Aber es verging eine ganze lange Zeitspanne ohne jeden Laut. Mir war glühwarm geworden in meinem gefütterten Ansitzsack; jetzt begann ich zu frösteln. Mit einem Mal zischte es laut, als saugte ein Riesentier Mengen von Luft ein, wenige Meter vor mir. Nur die Wegbreite und eine einzige Fichte von der Größe eines guten Weihnachtsbaumes konnten mich vom Wild trennen, und dennoch sah ich rein gar nichts! Der kalte Lufthauch zog mir noch immer halbschräg von vorn ins Gesicht. Nur jetzt keine Bewegung machen! Ich wagte fast nicht zu atmen. Dann erschütterte ein eigenwillig klingendes, unverkennbar wütendes Blasen die Schneeeinsamkeit und danach herrschte Stille! Lange saß ich, und das nach einigen Warteminuten aufsteigende Gefühl der Enttäuschung wuchs zur Gewissheit: Lautlos hatte sich die Sau davon gemacht. Auch als ich schließlich durchgefroren unter unvermeidlichem Knacken und Prusten der Leiter entklomm, ließ sich nichts von einem abflüchtenden Stück Wild vernehmen. Ein wenig unheimlich war mir schon in dieser Schneeeinsamkeit, als ich mich nach meiner Gehhilfe bückte. Zugleich wurde mir in diesem Augenblick klar: Die Krücke hatte mir die Sau vergrämt! Die frische Menschenwitterung, die an ihr, womöglich auch den unteren Leitersprossen haftete, musste zu der Sau auf die knappe Distanz hinüber gedrungen sein, die Jäger und Wild noch getrennt hatte. Als ich schwerfällig zum Wagen hinunter hatschte, fiel in sich verdichtenden Schleiern wieder mehr und mehr Schnee; anderntags, als ich das Fährtenbild bewundern wollte, lag die weiße Decke so hoch, dass es kein Hineinkommen in den Wald mehr gab, auch mit dem Allrandantrieb nicht und – auf Krücken schon gar nicht!

Wäre nicht die dicke Schneedecke gewesen, die alles Fichtengrün, die Sandfarben der Waldgräser, das Bitterschokoladenbraun der Suhle mit einer einzigen, selbst unter dem bedecktem Himmel ein wenig aufschimmernden gleichmäßigen Schicht überdeckt hatte, vielleicht hätte die Sau dann – weniger argwöhnisch – ihren Wechsel schnurgerade gehalten und den Holzabfuhrweg vor meiner Kanzel betreten. Denn je dunkler die Nächte, desto vertrauter sind die Sauen. Schaut man sich an, wo überall sie gebrochen haben, neben den Leitpfosten der Bundesstraßen, auf der kleinen Graspläne vor des Försters Fenster, unter der Kanzel, neben dem Einschlupf in die Ansitzhütte und gar schon fast im Dorf auf dem Sportplatz, dann wird klar, dass es Nächte geben muss, an denen die schwarzen Gesellen ungeniert herum streifen. Allerlei haben sich Jäger schon ausgedacht, um in fast finsterer Nacht eine Sau zu erlegen: Wahre Ofenrohre von Zielfernrohren thronen auf mit des Herstellers Stolz besonders zierlich gebauten Büchsen, manche Jäger graben sich mühevoll Erdlöcher und riskieren dort heraus den Schuss gegen den Horizont. Ob die Passion dabei immer hinter der Verantwortung für den Lauf verlassende Kugel zurück steht, wie es sich zwingend gehört?

Einige Male habe ich in so einem mit Holz ausgekleideten und mit Pappdach gedeckten hübsch warmen Erdloch angesessen. Der Jagdaufseher, der es hergerichtet hatte, verstand sein Handwerk; er war nämlich vom Hauptberuf – Sargbauer! Es gab da einen Platz, von dem sich hinter einer kleinen Anhöhe eine Senke gegen den Wald erstreckte. Gäbe man einen Schuss dort hinüber ab, so habe ich mir damals ausgerechnet, würde die Kugel, auch wenn der Schütze über des Wildes Rücken hinüber gewackelt hätte, in mittlerer Höhe in die Baumkronen einschlagen. Ein Schuss dort hinein in die jede Kugel gegebenenfalls auffangende grüne Botanik, so dachte ich damals, wäre wohl verantwortbar. – Ich saß also im warmen Schoß von Mutter Erde, schaute gegen den Nachthimmel und schon erschien auf dem trotz später Mahd wieder wadenhoch herangewachsenen Wiesengras ein Damhirsch. Seine mageren, vielfach zerklüfteten Schaufeln ließen sich bis zur letzten Sprosse ansprechen, obwohl kein Mond schien und es bisweilen sogar leise nieselte. Auch der Drosselknopf und der Pinsel des Hirsches hoben sich gegen den nachtgrauen Himmel im guten Jagdglas ab. Aus all diesen Merkmalen erkannte ich: dies war kein alter Hirsch, aber auch kein Zweijähriger mehr und damit das, was in jener Gegend als Abschusshirsch einqualifiziert wurde. Aber, einen Hirsch hatte ich nicht frei, er war um diese Jahreszeit überhaupt nicht frei. Es ging um Sauen.

Nachdem der Hirsch davon gestelzt war, nickte ich ein, ermüdet vom dauernden Aufwärtsstarren ins leere Grau. Irgendwann wachte ich auf, blickte unter schweren Lidern hinaus und brauchte einige Zeit mich aus meiner Sarg-Geborgenheit heraus zu orientieren, wo und warum ich hier eigentlich war. Oft hat mich schon, nach anstrengenden Arbeitstagen, wenn ich warm eingemummelt beim Nachtansitz draußen hockte, diese Tiefschlafphase um die neunte, zehnte Abendstunde erfasst. Fühlte ich sie kommen, so stellte ich das Gewehr sicher weg, nahm die entspannende Kutschersitzhaltung ein und ließ der Forderung von Körper und

Seele nach völligem Ausruhen Raum. Nur den Gehörsinn versuchte ich eingeschaltet zu halten. – Als ich an diesem Abend tiefverschlafen wieder durch den Sehschlitz hinausschaute, schob sich eben ein Riesentier davor. Es verhüllte fast das gesamte Gesichtsfeld! »Was für eine Sau, so nahe bei mir!« durchfuhr es mich, und die rechte Hand langte nach dem Stutzen. Im Zielfernrohr ließ sich aber nicht Vorne und Hinten und überhaupt nicht die Wildsilhouette herausbuchstabieren. So ließ ich das Gewehr sinken und hob das Glas, drehte mit klammen Fingern am Stellrad. Schließlich hatte ich das Objekt scharf im Bild: Eine Katze war's, der Kater vom am Dorfrand gelegenen Bauernhof! Wenige Meter vor meinem Erdloch saß er auf den Keulen und äugte interessiert zu mir hinein. Auch für ihn mochten sich die Dimensionen verschoben haben: Was für ein riesiges Mauseloch! Nun schnürte er gar auf Armlänge heran, steckte den runden Kopf zu mir herein und stob auf mein leises »Miez! Miez!« wenige Augenblicke später erschrocken aufkreischend davon. Eine Sau kam nicht mehr an diesem Abend, aber zwei Rehe, und es war aus dem Erdsitz heraus nicht schwer anzusprechen, dass es eine Ricke und ihr strammes Bockkitz waren. Die Knubben auf dem Kopf des geringeren Rehs waren tatsächlich gegen den Himmel zu erkennen, trotz tiefer Nacht und vom Regenhauch durchnässter Luft! – Als ich dem wohligwarmen Erdloch entstieg, schlug mir der Geruch von feuchter Erde entgegen. Auch solche Momente, das Wahrnehmen eines Duftes, sind Jägererlebnisse besonderer Art. Ein eigener Unterton lag in den Gerüchen dieser Nacht. Wer häufiger nachts draußen unterwegs ist, wird feststellen, dass der Geruchssinn sich zu verstärken scheint, wenn die Augen fast nichts mehr wahrnehmen. Was ich an diesem Abend, nach diesem einmaligen Erlebnis des Blickes aus der Wildperspektive gegen den fernen nächtlichen Waldhorizont wahrnahm, war ein Hauch vom bevorstehenden Frühling, wie derjenige sie an späten Februartagen bisweilen erlebt, der wachen Sinnes die Natur durchstreift. Solches Wachwerden von Sinnesempfindungen, die man nie zuvor wahrgenommen hat, gehört zu den Geschenken, die das Jägerleben rund ums Jahr bereit hält.

Vorfrühlingsahnen im März – Schnepfenstrich und Taubenjagd

Hungermonat allerwärts – ist der März. Hans Behnke, damals Geschäftsführer des Landesjagdverbandes Schleswig-Holstein, hat mich auf diese Jägerweisheit aufmerksam gemacht. Die Unbilden des Winters haben dazu beigetragen, dass die Feistreserven des Wildes verzehrt sind. Nun spart es Energie, sucht die Dickungen auf, den Windschutz. Allerdings haben Frost und Winterstürme die Wälder, Gehölze und Hecken allen Laubes entblättert, die Hartgrasbestände sind unter Reif und Schnee zusammen gesunken. Welchen Bestand an Wild ein Revier tragen kann, entscheidet sich in diesem Monat. Ist jetzt genug Äsung, genug Deckung vorhanden, dann wird es auch in allen anderen Monaten des Jahres so sein. Sehnsüchtig erwarten die Menschen das erste Grün, die ersten Blüten des Frühlings, der Jäger sinnt nach Möglichkeiten, die Flinte nach der Ruhezeit des Spätwinters wieder in die Hand zu nehmen.

In dem Jahr, da ich diese Erinnerungen niederschreibe, gab es einen für Norddeutschland ungewöhnlichen, einen schneereichen und zugleich langen Winter. Der Frühjahrsbeginn verzögerte sich; es war, wie man zu sagen pflegt, »ein spätes Jahr«. Diese Tatsache gab mir die Möglichkeit herauszufinden, ob das endgültige Ersterben der Schnepfenbalz wie der Singvogelmelodien im frühsommerlichen Juniwald etwas mit der Lichteinstrahlung, also der Anzahl der täglichen Sonnenstunden, zu tun hat oder eher vom Verlauf des Klimas im Jahresrund abhängig ist. In diesem März war noch immer der Grund der Pfützen in den aufgeweichten Forstwegen gefroren, die Eiskristalle der zusammengesackten, inzwischen nadelstreuüberpuderten Schneewehen glitzerten in den Schattenpartien des Waldes. Wild zog wenig, kaum dass man eine die Schneisen kreuzende Fährte fand. Noch sang auch kein Vogel. Wie erstarrt mutete die Natur an. Letzte Energien nach dem zehrenden Winter sparend, harrte sie des Frühlings.

Eines Abends knickste neben meinem Weg zum Treffen mit einer Jägerrunde auf einer der Eisbarrieren am Rande der graunassen Asphaltbahn ein kleiner, aber dennoch auffallender langschwänziger schwarzweißer Vogel: die erste Bachstelze des Jahres! Das bedeutete: der Frühling stand vor der Tür, nun doch, endlich! Auch die Schnepfen mussten eingetroffen sein. Ich überlegte noch, ob ich den Jagdfreunden über meine vogelkundliche Beobachtung vom stets parallelen Eintreffen von Bachstelzen und Waldschnepfen berichten sollte, – die übrigens tatsächlich zutrifft und wohl schon eine alte Jägerweisheit ist, – da ergriff einer der Jüngeren das Wort und schnitt die sich eben entspinnende Diskussion über den überlang währenden Winter mit dem Hinweis ab, jetzt jedenfalls sei er eindeutig und endgültig vorbei, denn er habe bereits das »Ackermännchen« gesehen. Ackermann, so heißt hierzulande die wie ein selbstbewusster Bauer auf eigener Scholle in weiß-schwarzer Festtagskleidung auf- und abtrippelnde Bachstelze. Natürlich gab's, nachdem die Bezeichnung Ackermann allen erklärt war, die bekannte Diskussion um Sinn oder Unsinn des Verbots der Frühjahrsjagd auf die – nunmehr gewiss eingetroffenen – Schnepfen. Dabei stellte sich heraus, dass die meisten noch nie den Schnepfenstrich bewusst erlebt oder auch nur am Rande der Rehbockjagd zufällig wahrgenommen hatten. Es ist ja auch so, dass die Schnepfe erst im Abendverdämmern zieht, präzis nachdem die Venus aufgegangen ist. Sie, unser Abendstern, ist zugleich der Schnepfenstern. In den wenigen Minuten, in denen ihr geheimnisvoll glitzerndes Leuchten am nachtgrauen Himmel wahrnehmbar wird, erlischt am Boden das Büchsenlicht. Die meisten Rehbockjäger sitzen dann schon wieder im weichen Polster ihrer Kraftwagen. Wer aber auf Sauen hofft, muss an seinem Platz bleiben, um die allerletzten Augenblicke des Schusslichtes zu nutzen oder um auf den Mondaufgang zu warten. So habe ich denn auch mehr Schnepfenabende bei der Schwarzwildjagd als beim abendlichen Passen auf die Rehböcke erlebt.

Beim besinnlichen Austausch dieser Jägergedanken in der gemütlichen Jägerrunde fiel mir ein, dass ich vor der beginnenden Mondphase alsbald die unterste Querlatte einer Kanzelkonstruktion erneuern musste. Die nasskalte Spätwinterwitterung hatte nicht eben zur Revierarbeit hinaus gelockt, aber jetzt war's Zeit! Anderntags machte ich mich mit Hammer, Nägeln und einer langen Lärchenholzlatte auf, die kleine, aber zum sicheren Erklimmen und vor allem für das gefahrlose Absteigen im Dunkeln notwendige Reparatur vorzunehmen. Als ich dem Wagen am Hauptweg entstieg, langte ich mir auch die Büchse vom Rücksitz, wollte sie erst wieder zurückschieben, denn neben all dem, was ich zu tragen hatte, würde sie hinderlich sein und womöglich, kopflastig, wie sie mit dem unvermeidlichen großen Nachtansitzzielfernrohr war, irgendwo anschlagen mit all den hässlichen Folgen, die jeder Jäger kennt: Auch wenn das Absehen sich nicht verstellt hat, schon wenn man den Verdacht hat, das gewohnte Gewehr könnte nicht mehr präzis hingehen, schießt man auch nicht mehr zuverlässig damit. Dann hängte ich sie mir doch um den Hals. »Fuchs kann immer kommen!« sagten die Alten, was soviel bedeutet, dass ein rechter Jäger stets schussbereit sein soll.

Ich stapfte mit meiner Last der Kanzel zu; es gab keinen Anlass, pirschjägermäßig sacht dorthin zu schleichen, denn gleich würde ich ohnehin mit lauthallenden Hammerschlägen an mein Werk gehen. Es war ein graudiesiger Abend, Dunst stand in den Schneisen, die Nässe verdampfte in der mild gewordenen Luft. Am Kanzelfuß wollte ich eben Hammer und Latte zu Boden fallen lassen, um die Büchse seitwärts an einen Stubben stellen, so dass sie bei meinem Handwerkern nicht zu Schaden kommen könne, da fiel mir eine hellbraune Bewegung am Ende einer der sternförmig von der Kanzel wegführenden Schneisen auf, die weit ins mit allerlei Fichtenanflug unterwachsene Buchenaltholz hineinstießen. »Damwild«, dachte ich. Denn was sollte dieses kaffeecremefarbene Stück Wild Anderes sein? Die Hand langte mit gewohntem Griff nach dem Fernglas, – aber ins Leere; ich hatte zwar das Gewehr mitgenommen, aber das Glas hing mir nicht wie gewohnt um den Hals. Ein Blick durchs Zielfernrohr musste Klarheit bringen! Um hindurchzuschauen, ging ich in Anschlag, strich an einem Kanzelholm an. Was dort im Graudunst hin und her wuselte, war kein Damwild, es war eine Rotte Sauen, Frischlinge! In wenigen Tagen würden sie mit Beginn des neuen Jagdjahres Überläufer heißen. Ein fast Weißer, ein Gescheckter, der erschaute Cremefarbene, ein Tiefschwarzer! Jetzt trat der Gescheckte, eindeutig ein geringes Stück, halbbreit, das Fadenkreuz stand schon da, wo es hingehört, automatisch bediente in einem Bewegungsablauf der Daumen der rechten Hand den Sicherungsschieber, der Zeigefinger den Stecher, – hoffentlich war überhaupt geladen! – da sank die bunte Sau auch schon in das Buchenlaub. Repetieren! Auf der nächsten Schneise aber kam die laubaufwirbelnd davonstiebende Rotte nicht mehr. So lehnte ich die Büchse weg und barg dann meine leicht gewonnene Beute. Auch der Abtransport fiel nicht schwer: Den vielen noch mit Grundeis gefüllten Wasserrinnen folgend, ließ ich mit Hilfe des an einem Hinterlauf eingeklinkten Bergehakens, der stets in der Brusttasche des Jagdmantels mit auf der Pirsch ist, mein Keilerchen recht bequem zum Wagen gleiten.

Nachdem das Wild wohlversorgt in der Kühlkammer nahe der Försterei hing, ging ich dort hinüber, meine Streckenmeldung zu erstatten. Noch immer schwebte Wasserdampf in der Luft, aber das ständige Nieseln hatte aufgehört; ein feiner silberner Abendlichtschein kündete das Ende der Regenperiode. Den Förster traf ich im Garten. Auch ihn hatte die wunderliche Wetterumschwung-Stimmung hinaus gelockt. Wie stets freute er sich mit mir über meinen Jagderfolg, und auch an meinem nicht alltäglichen Bericht über die Kombination von Hochsitzreparatur und Saujagd. Wie selbstverständlich kam, als wir uns verabschieden wollten, die Sprache auf den Frühling und die Frühlingsboten, die Bachstelzen und die Schnepfen. Er habe die erste Bachstelze des Jahres gesehen, eigentlich müssten an diesem Abend in der milchig milden Luft die Schnepfen ziehen. Der Förster ist ein kenntnisreicher, begeisterter Ornithologe. Die Schnepfen hat er niemals bejagt. Leicht hätte er, bei seiner Ortskenntnis, etliche der braunen Vögel auf dem Frühjahrsstrich – als dies noch zulässig war, – rund um seinen Dienstsitz und allherbstlich beim Durchgehen schnepfenhöffiger Bestände erbeuten können. Aber er freute sich nur an ihrem Flugbild, – und an meinen Berichten über die Schnepfen, die ich beim abendlichen Heimfahren im feuchten Weggeleis zwischen zwei bestimmten Forstabteilungen überrascht, beim Hinpirschen zu den Ansitzleitern hochgemacht oder beim Abendansitz hatte vorbeisegeln sehen. Auch meine Meldungen über den Uhu, den Rauhfußkauz, die Hohl- und die Turteltauben, den Schwarzstorch, den zu gelegentlicher Rast in den Forst einkehrenden Seeadler, den Baumfalken, den Ziegenmelker und andere gefiederte Raritäten erfreuten ihn als Ornithologe. Während wir noch so gedankenverbunden dastanden, gaukelte ein Schnepfenpaar über die Fichtenwipfel am Rande der Förstereiblöße dahin. »Und dort sind sie auch schon!« unterbrach ich unter aufgeregtem unjägerischem Hinüberdeuten mit der Hand unsere Verabschiedung. Aber ehe mein Gesprächspartner sich umgewandt hatte, waren die Schnepfen längst vorüber. Statt ihrer flatterte eine verspätete Amsel ihrem nächtlichen Ruheplatz zu. »Amsel«, hörte ich ihn ein wenig enttäuscht und mit einem Unterton sagen, in dem etwas mitschwang wie: »Diese überpassionierten Jäger aus der Stadt; überall meinen sie, etwas Besonderes zu entdecken!«. Da zog erneut, in gaukelndem Auf und Ab, eine Schnepfe über die Wipfel. Ihr Quorren drang trotz der Feuchtschwere der Luft zu uns herüber. Mitten durch unser Gesichtsfeld kam er, der gefiederte Vorbote des Frühlings. Wir verschoben das Verabschieden. Noch lange standen wir, lauschten und plauderten währenddessen verhalten über das Wild, den Wald, die Jagd und über die Gewissheit, dass nun, zugleich mit dem beginnenden neuen Jagdjahr, der Frühling einzog.

Mein Frühjahrsjagdwild waren nicht die Schnepfen, es waren die Ringeltauben. Die Jagd auf die Ringeltauben ist derzeit im März nur gestattet, wenn die Taubenflüge auf Saatfeldern zu Schaden gehen. Man kann auch hier darüber streiten, ob der Gesetzgeber damit eine kluge Regelung getroffen hat. Denn im März brütet bei uns in Norden Deutschlands die Taube noch nicht. Auf jeden Fall sind in den Paaren und Dreiergruppen, die über die Felder streifen und abends gemeinsam in Feldgehölzen oder Wäldern einfallen, keinesfalls ortsfeste Bruttauben. Käme einmal ein ganz besonders milder Vorfrühling, so würde der Jäger von sich aus davon Abstand nehmen, die abends standortgetreu zu Holze streichende einzelne Taube abzuschießen, von der er weiß, dass sie binnen kurzer Frist Bruttaube im Revier sein wird oder es bereits ist.

Die Vorfrühlingszeit, der März, ist für die Tauben Paarungszeit und Hungerperiode zugleich. In dieser Phase stehen sie auf hingesetzte Lockattrappen besonders zielstrebig zu. Vor allem vermuten sie, dass die wie äsend auf einem Feldschlag verteilt dasitzenden Attrappen Artgenossen seien, die Futter gefunden haben. Weil die von Eicheln und Unkrautsamen über den Winter zehrenden Vogel- und Wildarten längst diese Vorräte aufgebraucht haben, die Stoppeln gepflügt, die Wintersaaten längst aufgelaufen sind, ist im März das Äsungsangebot mager. Ein jetzt erst frisch bestellter Saatacker muss daher magnetisch auf die grau-blauen Vögel wirken, dort werden sie einfallen, dort stehen die Chancen für einen beutereichen Nachmittag gut!

»An der alten Scheune« war ein Revierort, den alle Jäger und auch die Landwirte im Dorf unter dieser Bezeichnung kannten. Ein windschiefer, auf uralten Eichenständern vernagelter, rostig-brauner Viehunterstand, – daraus bestand die ganze namensgebende Herrlichkeit. Leider trugen die von Stürmen in Schräglage gedrückte Unterkonstruktion und die verwitterten löcherigen Dachblechplatten nicht das Gewicht eines Menschen. Sonst wäre ich sommertags hinaufgestiegen und hätte von dort oben, auf sonnengewärmtem Blech liegend, in alle Richtungen nach den Rehböcken spekuliert. Denn die Rehe liebten diesen Winkel des Reviers. Ein

Feldweg, gesäumt von einem seit langem nicht mehr ausgeholzten und daher sichtig gewordenen Knick führte zu der Koppel hin, auf der die beschriebene Scheune stand.

Dass der Knick, – im Lexikon steht für diesen norddeutschen Fachbegriff das Wort Wallhecke, – wie viele andere in Schleswig-Holstein zu einer Baumreihe aus Einzelstämmchen und Überhältern mutiert und damit aus seiner eigentlichen Namensbedeutung und Zweckbestimmung heraus gewachsen war, findet seine Ursache in den Veränderungen, die das letzte Jahrhundert in die Landwirtschaft gebracht hat. Das Wort Knick stammt von Knicken. Darunter verstanden frühere Generationen das Umbrechen vorhandenen Buschwerks in den feldbegrenzenden Hecken in eine waagerechte Lage, aus der heraus die umgelegten Zweige erneut ausschlugen. Die Knicks dienten mehrerlei Zweckbestimmung: Sie verhinderten, dass nach dem Pflügen und Eggen der in Schleswig-Holstein an vielen Tagen des Jahres von der See hereinbrausende Wind die wertvolle Ackerkrume entführte. Wer seinen Knick nicht pflegte, dem konnte der Acker davon wandern. Die Knicks dienten zugleich als natürliche Zäune; sie wuchsen heran zu Grenzhecken, die sich aus eigener Grundsubstanz, nämlich durch die Methode des Knickens, immer mehr verdichteten und sogar das Vieh am Überlaufen zum Nachbarn hinderten. Indem auf den Knicks die von den Feldern abgesammelten Steine bis hin zu mächtigen Findlingen, ferner Stubben und nicht als Brennmaterial geeignete modernde Stämme abgelegt wurden, wuchsen sie in die Höhe. Dieses Anwachsen verstärkte ihre Schutzwirkung gegen den Zugriff der von den Landwirten gefürchteten trockenen Nordostwinde im Winter und die Weststürme im Herbst und im Frühjahr. Ein regelmäßig ausgeholzter Knick wucherte so üppig, dass die Eigentümer ihm auch Brennmaterial, das so genannte Knickholz, und Besenreisig entnehmen konnten.

Heute, wo es Zaundraht gibt, wo die Felder nach der Ernte sogleich wieder mit Wintersaat oder Gründüngungspflanzen eingesät werden, so dass die Ackerkrume kaum einmal durchgetrocknet und offen daliegt, wo es auch auf den Dörfern Ölheizungen gibt, sind die Knicks eigentlich nur noch – allerdings die Landschaft zierende – Reliquien vergangener Wirtschaftsformen. Hätte der Gesetzgeber sie nicht unter Schutz gestellt, um seine Hand über die Vielfalt ihrer Pflanzenwelt und der davon lebenden Tiere, vom Insekt bis zum Singvogel, Reh und Damhirsch, zu halten, so wären sie längst aus dem Wege geräumt, weil sie die heutigen Bauern, die hart kalkulieren müssen, im Grunde in der Bewirtschaftung ihrer Höfe belasten.

Auch der wegbegrenzende Knick jener Reviierecke war nur noch eine Baumzeile, zwischen deren Stämmen sich kaum noch ein Kaninchen oder einer der wenigen dort ansässigen Fasanen hätte drücken können. Aber inzwischen trugen die zu kronentragenden Überhältern aufgeschossenen Knickeichen im Herbst Mast, und die Tauben fielen dort zu Äsung und Rast ein. Der Weg und der ihn beschattende Knick endeten an der Auffahrt zur Scheunenkoppel. Jenseits der Koppel zog sich ein tiefer Graben entlang, der zugleich die Gemeinde- und Jagdgrenze darstellte. Linkerhand des Feldwegs lagen Viehweiden, rechterhand mehrere schmale Ackerstreifen, die verschiedenen Nebenerwerbsbauern gehörten; dahinter fiel das Gelände sacht ab in eine tiefe kopfweiden-umstandene, sommertags von dunkelgrünen Binsen und gelbköpfigen Sumpfdotterblumen bestandene Wiese, in der ich nach aufregender Kriechpirsch meinen ersten Rehbock erlegt habe. Der Jägerinstinkt registriert schon: Der eher magere Standort wies sich durch eine Vielfalt an Naturpflanzen wie auch an landwirtschaftlicher Nutzung aus und war zudem von fahrendem und spaziergängerndem Durchgangsverkehr verschont, eben mangels Durchgangs und mangels vordergründiger Schönheit. In den weiter links von allen Wegen fern liegenden Wiesen gab es einzelne lehmige Partien, auf denen üppiges Gras spross. In diesen nichts sagenden Wiesen, von den Ortsansässigen als die Kleikoppeln bezeichnet, stand alle paar Jahre ein besonders starker Bock. Ich überblicke zweieinhalb Jahrzehnte des Jagens in diesem weiträumigen Feldrevier, wenn ich die noch jagdscheinlosen Jungjägerjahre einrechne, – die aber keinesfalls jagdfreie Jahre waren. Die beiden stärksten Böcke aus dieser Zeit sind in den Kleikoppeln, sogar auf gleichem Schlag, gestreckt worden; und die Nachbarn haben sich aus diesem Winkel mindestens die gleiche Zahl an starken Trophäen erpirscht. Ruhe und mannigfaltige Äsung sind die standortbeschreibenden Faktoren, wobei zum Wertpunkt Ruhe auch der vom Rehwild gesuchte Schutz vor der zehrenden Kälte an den holsteinischen Sturmtagen gehört. Ihn bieten dort die nach einer Entwässerung teilweise trocken gefallenen Gräben.

Aber ich will ja von den Tauben erzählen. Also: die Koppel war umgepflügt, geeggt und mit Sommergerste eingesät. Es ging eben jener frische Wind, der im Laufe der Jahre die erwähnte windschiefe Feldscheune in ihre malerische Schräglage versetzt hatte, und dunkle Wolkentürme ließen nur hin und wieder einen Hoffnungsflecken blauen Himmels durch. Es herrschte mithin ideales Taubenjagdwetter. Ich schleppte den großen Rucksack mit den Locktauben zur Scheune hinaus und verharrte in ihrem Wind- und Sichtschutz, um die Hauptflugrichtung der Tauben zu prüfen. Da fielen zwei im Gekräut des Grenzgrabens ein, etwa hundert Schritte neben mir. Dass der Graben die Reviergrenze darstellte, bedeutete kein Problem, denn mit allen Nachbarn bestand die Vereinbarung, dass die Grenze, die meist von Wasserläufen dargestellt wurde, was Enten anging, so breit sei wie eine Flinte hinreichte und ein Hund apportieren konnte. Enten im Sinne dieser Vereinbarung waren sicher auch Tauben. Ich schritt also stracks auf die Einfallstelle zu. Die Tauben hatten sich aber wohl in der Tiefe der Grabensohle noch ein Stück unter dem Wind dahingleiten lassen und wurden nun plötzlich rechts neben mir hoch, das hieß: halbschräg gegen den Westwind. Wozu hatte man das Drehen und anschließende Schießen auf dem Skeetstand geübt? Zudem standen die auffliegenden Tauben nahezu gegen den Wind. Die zwei bekam ich als leichten Auftakt.

Meinen Ansitzplatz wählte ich in einem der trocken gelegten Längsgräben seitwärts der Prachtscheune, von der ich annahm, die Tauben würden, misstrauisch wie die Blaugrauen sind, sie nicht direkt überfliegen. Vor meinem Ansitzplatz setzte ich die beiden erlegten Tauben gegen den Wind auf den Acker, indem ich ihnen ein Stöckchen unter den Hals zwängte, so dass sie wie äsend dasaßen. Rasch platzierte ich auch die Plastiklocktauben, so, dass sie zwar als Gruppe wirkten, aber für einfallende Tauben genug Platz zum Äsen in den Zwischenräumen bestand. Allerdings ließ ich, damit das ganze Szenario recht naturgetreu wirkte, hier und da ein Paar näher beieinander sitzen. Unbedingt mussten alle zumindest halb gegen den Wind gerichtet sein! Denn keine Taube lässt sich beim Äsen den Wind von hinten unter das Gefieder blasen. Wer es nicht glauben will, setze seine Locktauben bei kräftiger Luftbewegung mit dem Wind ins Feld. Er wird beobachten, wie die wilden Kollegen neugierig heran streichen, aber schon auf Büchsenschusslänge plötzlich ausbögeln und auf Nimmerwiedersehen verschwinden. Sitzen aber die Locktauben, samt den Gestreckten, denen man ein Stöckchen oder einen Halm unter den Kopf gezwängt hat, gegen den Wind recht naturgemäß angeordnet beieinander, kann es sogar vorkommen, dass nach einem Fehlschuss eine einzelne Taube sogleich, ein beschossener Flug immerhin nach einiger Zeit zurück kehrt. Über artgerecht, wenn man es so nennen darf, ausgesetzten Lockenten ist mir übrigens gleiches auch schon passiert. Vor lauter Staunen, dass die eben Beschossenen wendeten und zurückkurvten, schoss ich damals ein weiteres Mal vorbei!

In dem schmalen, tiefen Quergraben zwischen der alten Scheune und einer einzelnen verdorrten Pappel, von der nicht nur die Krähen und allfälligen Bussarde, sondern auch die Tauben Auslug zu halten pflegten, bot sich mir ein gut gedeckter Ansitzplatz. Allerdings konnte ich mein Ansitzstühlchen in der Grabenenge nicht aufpflanzen, sondern musste mich, halb sitzend, halb stehend, auf den geleerten Locktaubenrucksack hocken. Eine Ausrede für die gelegentlichen Fehlschüsse, die mir in den kommenden beiden Stunden unterliefen, war damit gegeben. Ansonsten bietet die anstreichende, gegen den Himmel klar sich abhebende Taube eigentlich ein leichtes Ziel, sofern sie nicht kurvt, oder, was den Schuss noch schwieriger macht, sich in sausendem Flug fallen lässt. – Ohne dass ich ihr Anfliegen gewahrt hatte, nahmen zwei Tauben die Pappel an. Ich schoss die eine vom Ast, die andere im Abstreichen. Es gilt unter passionierten Flugwildjägern nicht als waidgerecht, Tauben vom Baum zu schießen. Eine Ausnahme wiederum stellt der von hoher Warte balzende Tauber dar, den anzupirschen früher als hohe Waidmannskunst galt. Meine Grundregel ist, zu Beginn eines Tauben- oder Entenanstandes das erste schussgerecht auftauchende Wild zu erlegen, wie es sich bietet, um gewissermaßen eine Basis zu schaffen: Für das Ende des Jagdtages wünsche ich mir ausreichend viele Beutestücke auf der Strecke, dass sich die Arbeitsgänge des Rupfens, Ausweidens und Einfrierens der Beute lohnen. – Dann strichen zwei weitere Tauben von links vorn heran, ohne dass Zeit gewesen war, die Gefallenen und vor allem herumfliegende Federn aufzunehmen, durch die Hinzustreichende in jedem Falle vergrämt werden. Den Herannahenden kam denn auch irgendetwas verdächtig vor, sie bögelten hin und her, wollten einerseits der Scheune, andererseits den auf dem Acker liegenden Artgenossen ausweichen und steilten mir schließlich schräg von vorn fast über den Kopf. Gelingt ein solcher Schuss, so gewinnt man auf dem gewählten Ansitzplatz Sicherheit! Mir gelang sogar wiederum die Dublette. Rasch krabbelte ich nun aus meinem Graben und unter dem Zaun hindurch, sammelte die Geschossenen auf, setzte diejenigen aus, deren Gefieder nicht zu viele lockere Federn aufwies und holte die anderen zu mir in die Deckung. Über den Erfolg zu selbstsicher und wagemutig geworden, feuerte ich

K.P. Reif

danach gleich dreimal nacheinander nach rechts vorbei. Dann setzte eine Strichpause ein.

Warum Ringeltauben die Gewohnheit haben, zwanzig Minuten lange Strichphasen und ebenso lange Flugruhepausen einander abwechseln zu lassen, bis zum Abendeinflug in die Schlafplätze, habe ich noch nicht enträtselt. Zwanzig Minuten, wenn sich außer einem in ferner Höhe kreisenden Bussard kein Flugwild zeigt, empfindet der Wartende als lange Spanne draußen im flachen Feld. Aber ich kann nur jedem Jäger raten, der einmal seinen Stand aufgebaut hat, Geduld aufzuwenden, meist setzt der Taubensegen alsbald wieder ein. Im Übrigen, so eine Zeit draußen im freien Feld, mit weitem Blick gegen ferne leuchtend backsteinrote Bauernhöfe, auf einen dahinstaksenden Sprung Rehwild, oder einfach in die ziehenden Wolkentürme, ist dem vom Aktenblick getrübten Auge und der Durchlüftung und Entstaubung bedürfenden Seele Wohltat und niemals verlorene Zeit. Zudem konnte ich in diesem Falle, so tief im Graben kauernd, mit dem Rupfen der Herangeholten beginnen, was mit ein wenig Routine gelingt, ohne dass man hinschauen muss. Wer einen Luderplatz für die Fuchsjagd im Revier hat, fährt anschließend dort vorbei, knappt mit einer kleinen Gartenschere an Ort und Stelle Ständer und Flügel ab, reißt die Kröpfe heraus und weidet die Tauben von rascher Hand aus, um nur mit der küchen- oder gefrierfertigen Beute heimzukehren. Der Fuchs merkt sich die Stelle, an der er des öfteren Fraß findet, und sucht sie wintertags, wenn der Balg reif ist, bei seinen Streifgängen auf. Im Wald, im Moor, an einer Lichtung, auf einer Schneise sollte so ein Platz sein, oder ganz fern draußen im freien Feld vor einer geschlossenen Kanzel, Hütte oder Feldscheune, nicht aber am Bestandesrand, wo der Fuchs vor dem Hinausschnüren vom Dunklen ins Helle misstrauisch wieder und wieder den Wind und das Gesichtsfeld prüfen wird.

Nachdem die dreizehnte Taube gefallen war, hatte ich meinen Munitionsvorrat verbraucht, lediglich eine Dreieinhalber, die wegen eines allfälligen Fuchses winters in die braunlederne Patronentasche mit dem angeschlauften Galgen hinein gewandert war, konnte ich noch laden. Ich schob sie in den linken Lauf der gewichtigen Querflinte. Es war inzwischen später Nachmittag geworden. Sollte ich in der Hoffnung ausharren, mit der letzten Patrone noch eine Taube zu erlegen? Irgendwann gegen Abend reißt plötzlich der Taubenstrich ab. Dann hören wie auf Absprache die grau-rosa Gesellen mit dem Äsen auf, sammeln sich und streichen fernen, auf nicht enträtselte Weise vereinbarten Schlafplätzen zu. Warum verabreden sich mehrere jeweils fünfzig oder gar hundert Tauben starke Flüge dazu, in einem bestimmten Fichtenholz mitten im Feld zu nächtigen, wenn wenige Flugminuten entfernt, mit dem bloßen Auge wahrnehmbar, der große Forst liegt, der doch viel mehr Deckung, Sicherheit vor Gefahren, Windschutz, bietet? Warum verabreden sich die Tauben, wenn sie ein andermal den Forst zum abendlichen Ziel nehmen, alle gemeinsam eine bestimmte Abteilung anzufliegen, wo es doch ringsum genauso eng stehende Fichtenhölzer zuhauf gibt? – Ich wartete gedankenverloren, da kamen sie doch noch, ein Paar und ihm nachfolgend und es übersteigend, eine letzte einzelne Taube! Aus unglaublich weiter Entfernung hatten sie die Lockvögel wahrgenommen, hielten stracks darauf zu. Der nachfolgende Einzelvogel steilte zu einem prachtvollen Imponierflug auf. Solch Verhalten zeigt nur ein Tauber. Rosa leuchtete seine Brust gegen den schon ganz leicht vom warmen abendlichen Licht angehauchten Wolkenhimmel. Die Flintenmündung fuhr mit, folgte schwungvoll dem Aufstieg des Taubers, und als er kurz vor seinem Kulminationsflug in der Luft hoch seitwärts über mir stand, brach der Schuss. Wie ein Stein stürzte der jah vom freien Wildgeflügel zur Beute gewordene große graue Vogel herab und plumpste in den Graben. Diesmal durfte der Hund apportieren, den ich zwischenzeitlich nicht hatte herumrevieren lassen. Er kannte diese Art der Taubenjagd, schaute mich, wenn ich nach dem Schuss kein Bring-Kommando gab, mit ebenso verstehendem wie unter dem Verzicht leidenden Blick an. Jetzt aber fegte er los und brachte unter vielerlei Lob zuerst den eben gefallenen Tauber, dann alle anderen gestreckten, dabei zuerst die noch nicht von meiner Hand berührten, und zum Abschluss in fröhlicher hin und her tollender Geschäftigkeit noch die künstlichen Locktauben, die er mit erlerntem Griff am Kopf zu packen pflegte.

Schwerbeladen, müde, ausgekühlt, ein wenig vorfrühlingshaft sonnengebräunt stapfte ich wagenwärts. Des Jägers Tage sind alle Tage im Jahr, dies aber war zudem ein glückseliger Beutetag. Es war März, letzter Monat im Jagdjahr. Aber ein neues stand bevor, Felder und Knicks würden grün werden; bald war es Zeit, vorabwägend nach den Böcken zu schauen, die in dem fernen, auf meine Schüsse ein wenig weiter gezogenen Rehwildsprung standen und von denen der eine, über die viele hundert Meter mit bloßem Auge wahrnehmbar, ein prahlendes Bastgehörn gezeigt hatte.

Im Aprilregen: Frühjahrsschau der Rehe und Hochsitzbau

Im April, werden wohl die meisten Jäger sagen, gibt es nun wirklich nichts zu jagen, seit die Zeiten der Birkhahn- und gar der Auerhahnjagd in Deutschland vorüber sind. Mir aber war der April im Jäger-Jahresrund immer ein wichtiger Monat. Dieses Empfinden hat seine Wurzeln in meiner Erziehung und Anleitung zum Jäger. April, das war der Monat der Hegeringversammlungen, der kritischen Trophäenschauen, aber auch des Einschießens der Gewehre und vor allem des Ausspähens der für den Jagdbeginn im nächsten Monat in Betracht kommenden Rehböcke. Inzwischen hat eine großzügigere Betrachtung der sogenannten Abschussnotwendigkeit des einzelnen Rehbockes der seinerzeitigen Hochnotpeinlichkeit der Trophäenschauen zum Glück Vieles genommen. Als Schüler und dann als junger Jäger habe ich noch verfolgt, wie auf der Hegeringschau der Kreisjägermeister mit näselnder Kommentator-Stimmlage höchst persönlich jede einzelne Trophäe von der Wand nahm und unter Bekanntgabe des Erlegers die Klassen- und Alterseinstufung des Bockes und die Richtigkeit oder Fehlerhaftigkeit seiner Erlegung kommentierte. Dabei spielten nicht selten die Bedeutung und das Ansehen der Person, deren Namen auf dem grünen Anhängepappschildchen stand, die Einfluss gebende Rolle. War der Erbeuter ein Städter, gar ein Auswärtiger, so durfte er scharfer Beäugung der Gehörne und Gehörnchen der von ihm erlegten Rehböcke sicher sein. Mir saß als jungem Jäger die Angst vor solch öffentlicher Kritik im Nacken, und manche Trophäe mehr hätte ich damals erbeutet, hätte mich nicht diese Angst zurückgehalten, den Finger krumm zu machen.

Ganz besonders ist mir dabei ein Bock in Erinnerung, den nicht gestreckt zu haben ich lange Zeit regelrecht bereute, trotz der vielen, die seitdem, gemessen an meinem Dasein als Stadtmensch, zu meiner Beute geworden sind: Es ist der Bock von der Eisenleiter. Die Eisenleiter, eine zierliche aus Eisenrohr gefertigte, matt grün lackierte, nur gut mannshohe Konstruktion, hatte mein Vater beschafft, um in dem von vielen ausgesiedelten Gehöften durchsetzten mittelholsteinischen Feldrevier ohne Gefährdung etwa im Hintergrund arbeitender oder sich ihrer Freizeit ergehender Menschen mit der Kugel schießen zu können. Er war vorsichtig, übervorsichtig. Ob eine böse Erfahrung ihn zu diesem Verhalten gebracht hat? Er hat nie darüber gesprochen. Vielleicht war Auslöser allein der tief in ihm wohnende Wunsch, nach den bitteren Erfahrungen des sogenannten dritten Reiches und des Weltkrieges, niemals persönlich einem Menschen ein Leid anzutun. Jedenfalls hatte er die von uns kurz »die Eisenleiter« getaufte Einrichtung auf eine Anzeige in der Jagdzeitung hin erworben, und der Revierort, an dem sie jahrelang stand, hieß dann eben »bei der Eisenleiter«. Als Ortfremder, wenn man in einen neuen Jagdbezirk einzieht, bildet man für sich selbst und das Gespräch mit den Mitjägern gern eigene Ortsbezeichnungen. So gab es ein Reviereck »vor der Bahn«, das Dreieck, das Wasserloch, den Platz »bei der schiefen Hütte«. Kein Ortsansässiger hätte unsere Geheimsprache verstanden. Uns aber schmiedeten die selbst gewählten Bezeichnungen in unseren Plänen und Hoffnungen für das neue grüne Reich zusammen.

Den Standplatz der Eisenleiter hatte Vater sehr sorgfältig gewählt. Sie lehnte, mit einer im Laufe der Jahre in die Rinde einwachsenden Kette vertäut, an einer Eiche auf einem brombeerüberwuchertem Knick, war leicht über den knickbegleitenden Weg erreichbar, und zudem lautlos, denn die in den armen Geestboden geschobene, damals wenig benutzte Fahrtrasse bedeckte eine dünne Schicht von Magerrasengräsern, auf der die pirschende Sohle ohne verräterische Geräusche voran kam. Parallel zu dem Knick erstreckten sich die Felder eines nicht eben großen Bauernhofes. Sein Inhaber hielt Milchkühe nebst den dazu gehörenden Einjährigen und Kälbern, zudem einen langgestreckten Nebenstall voller Mastschweine und baute das benötigte Viehfutter selbst an. Zudem lieferte er in die ferne Stadt, wie fast alle Landwirte dieser Region, frei Keller Kartoffeln. Die aus diesem Konzept rührende Vielfalt führte dazu, dass in den langen Feldstreifen, jährlich wechselnd, Roggen, Hafer, Futterrüben, Kartoffeln standen. Hinter dem Ganzen lag etwas tiefer eine zum Beackern ungeeignete saure Wiese, an die sich wiederum die Äcker des Nachbarn anschlossen. Auf dieser Wiese und auf den angrenzenden Schlägen ist so mancher Bock, so manches Winterreh geschossen worden. In den Äckerbreiten lagen auch die Rebhühner und, wenn der Bauer nahe dem Knick Rüben angebaut hatte, unter deren Blätterdächern etwelche Kaninchen. Streiften wir september- oder oktobernachmittags dort hindurch, so erschien regelmäßig vom nahen, aus hellrot leuchtendem holsteinischen Ziegelstein errichteten Gehöft her der Bauer, ermahnte uns, ja allen Karnickeln den Garaus zu machen und suchte sich dann, ohne viel zu fragen, aber auch ohne jemals mehr zu fordern, aus der am Feldrain gelegten Strecke seinen Jahres-Wildschadensersatz heraus: zwei sauber geschossene Kaninchen.

Vater hatte als den Standort der Leiter nicht etwa die Mitte des mehrere hundert Meter langen Knicks bestimmt, sondern den Anfang des zweiten Drittels, betrachtet vom höher im Terrain gelegenen Ausgangspunkt unserer jagdlichen Unternehmungen aus, dem kurz und bündig so getauften »Treffpunkt«. Dort erweiterte sich der Weg zu einem Haltepunkt für die Erntewagen, der zum Jagdpächter-Parkplatz avanciert war. Wie er zu der Standortwahl für die Eisenleiter gekommen ist, hat Vater mir damals nicht erläutert. Ein Anfänger hätte jedenfalls die Mitte der Längsseite der Feldbreiten gewählt, um ein möglichst weitgestrecktes Areal mit dem gezogenen Lauf beschießen zu können. Ich weiß aber, welches seine Methode war, den Einstand und Wechsel eines Bockes zu ergründen. Er ging recht spaziergängermäßig langsamen Schrittes am vermuteten Einstand entlang, betrachtete den Wildverbiß in den Stauden, befegte Stämmchen, geplätzte Betten und fand an den Einrissen im Bodenbewuchs auch die bei dem schwachen Rehbestand des mageren Feldreviers für das ungeübte Auge nicht wahrnehmbaren Hinweise auf die Wechsel. – Die Einweihung der Eisenleiter fand nach einer Hühnerjagd statt. Aus den Kartoffeln neben der Leiter hatten wir einen Bock mit geringem Gehörn hochgemacht. Zu gern steckten damals, als noch in den Kartoffelfeldern das Franzosenkraut in breiten Beeten wucherte, die Rehe dort in der Nähe dieser ihrer Lieblingsäsung. Sie lagen in den Kartoffelreihen zudem windgeschützt und besonnt, zugleich hatten sie aus der glänzendgrünen Blätterdeckung heraus Übersicht. Jeden Menschen oder einen der herumstreunenden Dorfhunde konnten sie schon von Ferne wahrnehmen, während sie selbst aber im hohen Kraut so gut wie unsichtbar blieben. Oft habe ich beobachtet, wie in den Abendstunden die Rehe sich erhoben und die Blütenköpfe des Franzosenkrautes, von Pflanze zu Pflanze ziehend, genussvoll abästen.

Während die Jagdfreunde dem geringen Bock, sicherlich sei es ein Jährling oder mäßiger Zweijähriger, wenig Beachtung geschenkt hatten, erwähnte Vater etwas von grauem Gesicht und kurzem Hals und entschied, als wir bei den Fahrzeugen rasteten, er werde jetzt die Eisenleiter beziehen und dort des Bockes Rückkehr erwarten. Keiner von uns, schon gar nicht ich Jungjäger, konnte diesem Vorhaben etwas abgewinnen. Der von uns Jägern und dem Vorstehhund hochgemachte Bock würde doch nicht am selben Tag zurück kehren! Man konnte von Glück reden, wenn er nicht überhaupt gänzlich vergrämt war. Aber Vater entschied so, langte sich den Drilling aus dem Kofferraum, wünschte den Freunden Waidmannsheil, die zur Entenjagd an die Au hinunter wollten. Mich entsandte er, mir seine Flinte mit allerlei Ermahnungen übergebend, – die Eisenleiter bot knapp für ein Jägerhinterteil Platz, – zu einem vom Holunder unterwucherten Fichtenholz, das damals, vor Myxomatose und Chinaseuche, von Kaninchenbauten geradezu unterminiert war. Es waren damals meine ersten Streifzüge allein als Jäger, ein Jagdschein steckte allerdings noch nicht in meiner Tasche. Ich brannte geradezu vor Passion, ein Stück Wild zu erlegen, Aber zugleich wäre ich gern bei diesem Bockansitz dabei gewesen. Dennoch zog ich, nicht ohne Stolz mir die Merkel-Flinte umhängend und des Anblicks zahlreicher Kaninchen sicher, weisungsgemäß davon. Von meinem Ansitz an der Wäldchen-Ecke vernahm ich keinen Schuss von des Vaters Platz her, wartete selbst des längeren mit dem Schießen und hatte dennoch über die Ruhestörung, die der Knall aus dem Zwölferlauf verursachte, fast ein schlechtes Gewissen.

Mit einem malerisch am Hühnergalgen eingehängten gut ausgewachsenen Jungkaninchen kehrte ich zum Treffpunkt zurück. Mein alter Herr saß, an das Auto gelehnt, dessen Kofferraumdeckel geöffnet war, auf seinem Sitzstock und schaute mir erwartungsvoll entgegen. Dann erhob sich, gratulierte mir wortreich zu meinem Kaninchen und ließ mich dessen Erlegung in allen Einzelheiten schildern. Schließlich deutete er wortlos in den Kofferraum. Ich dachte, ich sollte das Kaninchen hineinlegen, und staunte nicht schlecht, als dort, schon sauber aufgebrochen und verstaut, der Bock lag. Es war ein etwa Fünfjähriger mit der dem älteren Bock typischen eisengrauen, kurzbehaarten Stirn. Böcke mit weißem Gesicht sind häufig jüngere, aber die mit dem angegrauten, wie kurz geschorenen Altherrenhaar, sie sind es, auf die der Jäger sein Augenmerk richten soll! Den hellen, in der offenen Landschaft oft nicht sehr weit hallenden Knall der 6,5 hatte ich von meinem Platz hinter der Wäldchen-Ecke nicht wahrgenommen, obwohl ich damals noch erstklassig hörte, anders als heute, nachdem ich in jungen Jahren törichterweise viele, viele

Stunden ohne jeglichen Gehörschutz auf dem Tontaubenstand verbracht habe. Die Tätigkeiten als Anschreiber der Schießergebnisse und Tontaubenwerfer, – damals gab es noch keine automatischen Wurfmaschinen, – bei denen ich neben oder vor den Flintenmündungen meinen Platz gehabt hatte, mögen für das Hörvermögen abträglicher gewesen sein als die im Verhältnis dazu geringen Zeiten, in denen ich selbst die Flinte in die Hand nehmen durfte. Zudem schießt der Schütze von sich weg, wobei zugleich die das Gewehr haltenden Arme noch eine gewisse schallmindernde Schutzwirkung entfalten, und zieht sich nach einer Tontaubenrunde zu Kaffee und Kuchen vom Schießplatz zurück. Damit bekommt er weniger vom Flintenknall aufs Trommelfell als ein eifriger Schießstandhelfer.

Vater berichtete, der Bock sei genau am Sitz vorbei auf dem vermuteten Hauptwechsel über den Weg zurück in die Kartoffeln gewechselt und ihm so zu einer leichten Beute geworden, wenn man die Stunden des geduldigen Ausharrens nicht bereits als erschwerte Bedingungen rechnen wollte. Es lässt sich nicht entscheiden, wer von uns stolzer war, er auf seinen gelungenen Jagdplan und den mit bloßem Auge richtig angesprochenen Bock oder ich auf mein Ansitzkarnickel. Wenn ich mich richtig entsinne, ist es mein erstes ohne Begleitung erlegtes Stück Wild gewesen. Abends, im nacherinnernden, bis spät in die Nacht dauernden Gespräch zwischen Vater und Sohn, als Bock und Kaninchen längst nebeneinander im kühlen Keller hingen, – aus dem eine Flasche Moselwein mit herauf zu nehmen wir nicht versäumt hatten, – berichtete er mir, dass jeder in seinem Haupteinstand angerührte Bock nach einer einmaligen Störung manchmal schon nach Kurzem, jedenfalls aber nach einigen Stunden in weitem Bogen zurück zu kehren pflege. Als junger Mann sei er von älteren Jägern aus der Stadt oft als Fahrer angeheuert und so mit in deren Reviere hinaus genommen, in denen er die Wechsel und Wildgewohnheiten nicht kannte. Großzügig gab man ihm oftmals einen Bock frei, und dann sei er so verfahren, sich alsbald nach dem Abspringen eines begehrenswerten, irgendwo zufällig aufgetanen Bockes an strategisch günstiger Stelle einzuschieben und – zu warten. Zum Erstaunen der Gastgeber, die sich, als Städter selbst mit ihren Revieren wenig vertraut, mit allerlei Weiter-und-Weiter-Pirschen zwar vielleicht Anblick, aber meist keine Beute gesichert hatten, sei er nicht selten mit dem Bock im Rucksack zu später Stunde am vereinbarten Treffpunkt erschienen und mit dem Kommentar »Euch junge Jäger läuft ja sowieso alles um!« herzlich beglückwünscht worden. Dass erfolgreiches Jagen auch eine Kunst ist, blieb den Gratulanten und bleibt auch heute noch vielen, Nichtjägern wie Jägern, verborgen. Also war die Eisenleiter eingeweiht und die Wahl ihres Standortes bestätigt worden. In jedem April, bei der fälligen Kontrolle der Hochsitze, asteten wir die Eiche behutsam aus, so dass der ausharrende Jäger vom Blattwerk bedeckt saß, aber freies Sicht- und gegebenenfalls Schussfeld in die Ackerbreiten genoss.

Die Jüngeren werden vielleicht gar nicht mehr wissen, was ein Ib-Bock ist oder vielmehr: war. Denn zur Zeit gilt die Auffassung, dass ein gesunder Rehwildbestand sich im wesentlichen durch einen gesunden Altersaufbau auszeichnet, den der Jäger, sofern ihm nicht der Verkehrstod und der Zeitdruck bei der Jagd dazwischen geraten, durch Entnahme der Hälfte des jungen Wildes und dann der alten Stücke herbei zu schießen habe. Die Einteilung der Rehböcke in nunmehr nur noch zwei Altersklassen hat inzwischen jedoch dazu geführt, dass jeder zweite Bock, der eine auch nur halbwegs begehrenswerte Trophäe auf dem Haupt trägt, ungeachtet seines Alters gestreckt wird. Nur wenige Böcke werden alt und gut, denn nachdem die Hälfte der Jährlinge oder Bockkitze bereits im ersten Lebensjahr dem Bestand entnommen worden ist, ist die Basis schmal, aus der nach fünf, sechs oder mehr Jahren ein Kapitaler heranwachsen könnte. Zwar haben die neuen Richtlinien die peinliche, ständig beim Jagen mitschwingende und das frohe Waidwerken belastende Frage nach dem Richtig oder Falsch genommen. Das ist ein Gewinn! Aber wussten es unsere Altvorderen nicht besser? Sie ließen die Jährlinge leben, sofern nicht beim Anblick eines augenfällig geringen Kümmerers der hegerische Eingriff sich geradezu aufdrängte oder – ein Rehbraten für die Küche benötigt wurde. Die Grundregel war, keinen Bock zu erlegen, der nicht eindeutige sechs Enden im Gehörn zeigte. Ich erinnere mich, dass mein Vater von seinem über Kimme und Korn gestreckten Ersten berichtete, am Wichtigsten sei gewesen, dass der Erbeutete mit gutem Willen als Sechser angesprochen wurde. – Viele Spießer, Gabler, geringe Sechser, und dies sind in der Regel Jährlinge und Zweijährige, blieben bei dieser ein-fachen Art des Auswählens am Leben. Es wuchs eine breite Basis mittelalter Böcke heran, aus der mancher Starke sich rekrutieren konnte. In jedem Falle wurden mehr Böcke gestreckt, die ausgewachsen und schwer im Wildbret waren und zugleich eine erfreuliche Trophäe vorwiesen. Von den Knopfböcken, so mein Vater, habe er vor Krieg und Vertreibung nur einen erlegt, und da sei es um eine Wette gegangen, ob das in einer Wiese sich präsentierende Reh eine Ricke oder ein Bock sei. Als der Jagdherr und der den Pirschwagen kutschierende Bürgermeister ihm widersprochen und steif und fest auf der Diagnose Ricke, weil nämlich gehörnlos, bestanden hätten, habe er der Diskussion durch Erlegen des Stückes ein Ende gemacht und mit dem Schuss auf diesen, seinen ersten und einzigen Knopfbock seine Jägerkenntnisse und die Schärfe seiner Jägeraugen unter Beweis gestellt.

Den Nichtjägern sind Rehtrophäen keinesfalls aufregende und zudem in Größe, Form und Gewicht wenig ins Auge stechende Produkte. Allenfalls einen gewissen dekorativen Charakter gesteht man ihnen zu. Für den Erleger hängen an all den Gehörnen, die seine Wände zieren, Erinnerungen an jägerische Freuden. Gehörne, die andere erbeutet haben, betrachtet er voller Neugier: Aus welchem Revier mögen sie stammen, welche Geschichte hinter der Erlegung des Wildes stehen? – Einen Hirsch streckt der Jäger vielleicht einige Male in seinem Leben, – wenn überhaupt. Denn die Mehrheit der Jäger in Deutschland hat keine Gelegenheit, auf Rot- oder Damwild zu jagen. Aber auf den Beginn der Rehbockjagd freuen sich Viele. Ihnen ist der April der Monat des Planens, des Erhoffens, der Monat der Vorfreude.

Vorfreude gilt bekanntlich nach einer Allerwelts-Weisheit als die schönste Freude. Demnach müsste der Aprilmonat, der erste im Jagdjahr, auch der freudenreichste sein. Das freilich stimmt wohl nicht! An einem taunassen Sommermorgen an den gestreckten Bock in einer von vielen Blütenfarbtupfern übersäten Wiese heranzutreten, ist sicher das vollwertigere, das bleibende Erlebnis gegenüber dem Besichtigen von Fegestellen an etwelchen Revierecken und dem Fernhin-Spekulieren mit stark vergrößerndem Fernglas nach den noch grauruppigen Frühjahrs-Rehwildsprüngen. Überhaupt ist ja zu überprüfen, ob der Sinnspruch von der Vorfreude stimmt. Sie hat wohl deshalb für die Menschen ihren besonderen Wert, weil sie in hohem Grade selbstbestätigend wirkt. Wer nämlich sich vor-freut, der weiß, dass ihm etwas Schönes, Gutes widerfahren könnte, zu dessen Gelingen er selbst durch sein Mitwirken, sein Planen, sein Wach-Sein, sein Bereitsein beitragen kann! In dieser Weise ist die Vorfreude – auch die in den Zeilen dieses Buches beschriebene des Jägers – starker und wichtiger Kraftspender und Motor menschlichen Strebens und Mühens. Das Wissen darum, dass eben mit Hilfe dieses Strebens und Mühens ein beglückendes Erlebnis wieder kehren kann, bringt Reihe und Logik in den Lebensplan. Das gilt sicher für die Liebe, die ein ständiger

K.P. Reif

Reigen von Vorfreude und Freude ist, aber wohl auch – lächerlich und doch allzu jäger-menschlich dieser Vergleich – für die Jagd.

Für mich gehört in den Jahresrhythmus das Vorerkunden der Rehböcke und ihrer Einstände. Heute, im Waldrevier, beginne ich spaziergängermäßig mit dem Begehen der Waldwege und Schneisen, dem Umschlagen einstandsverdächtiger Komplexe. Findet man nämlich zu Aprilbeginn dort Fege- und Plätzstellen, so lässt sich mit großer Wahrscheinlichkeit annehmen, dass ihr Verursacher nicht zu den ganz jungen Semestern in der Riege der Rehböcke des Revieres gehört und dass er, zumindest solange nicht die Feldflur mit deckenden Kornschlägen, wogenden Wiesen und ihren vielfältigen Äsungen lockt, im Holz bleiben wird. Die Verteilung der Pirschzeichen, ihr sich Hinein-Ziehen in den Bestand, lässt oftmals Schlüsse darauf zu, wo sich der Tageseinstand und die abendlichen oder morgendlichen Äsungsplätze befinden mögen. Dann gilt es nur, eine Leiter in die richtige Nähe außerhalb der Hauptwindrichtung zu stellen oder einen Schirm zu errichten, manchmal auch nur, sich einen unauffälligen großen Holzklotz zum Daraufhocken heran zu wuchten, ohne zu viel vergrämendes Herumhantieren und Eingreifen den einen oder anderen Zweig aus dem Schussfeld zu schneiden, und – in Vorfreude zu warten!

Wenn ich bisweilen auf der Autobahn durch unser Land reise und mir dabei die Ansitztürme ins Auge fallen, die mit kaum mehr als doppelter Büchsenschusslänge Abstand voneinander die Waldkanten säumen, so überkommt mich eine fatale Erinnerung an die Zonengrenzsituation, an die Zeiten des Eisernen Vorhanges, – eine Assoziation, die zum allergrößten Glück die Jüngeren unter uns nicht mehr befallen kann. Wir Jäger leisten uns mit derlei Bauwerken auf mächtigen, manchmal recht windschiefen Stelzen keinen Werbedienst. Im Forst hingegen stört eine aus Naturhölzern fachgerecht gezimmerte Kanzel oder Ansitzleiter dagegen überhaupt nicht, hier gehört sie, Holz im Holz, zum Forstbetrieb, ist zudem auch nicht weitbeherrschend sichtbar.

Zugegeben sei aber: Sitze ich erst einmal geborgen unter dem Dach einer Kanzel im Feld und habe die Fenster geöffnet, mich bequem, regen- und halbwegs auch windgeschützt zurückgelehnt, oder bin ich geborgen auf hoher Feldleiter unter herabschwingenden Kiefernästen, in dem abschirmenden Kronengeäst einer Eiche, im flimmernden Blättergrün einer Esche, meines Lieblingsbaumes, so genieße ich meinen Logenplatz: Glänzend grau oder leuchtend rot weit draußen hervorlugende Hausdächer, dahingleitende Autos auf ferner Straße, ihrem Ziel zustrampelnde Radfahrer auf einsamem Pfad, geschäftig hinter Haus und Hof arbeitende Menschen, am Feldrain aus dem Dorf heraus schlendernde Paare, sich den Bürostress abtrabende Jogger: Was nicht alles, außer dem allfälligen Getier, jagdbaren wie nichtjagdbaren, belebt das Gesichtsfeld und regt die Fantasie an, weckt Hoffnungen und Wünsche! Manchmal geleitet der vielfältige Ausblick in die Welt der Träume. Tritt die von der Frühpirsch oder – leider häufiger – von der Tagesarbeit herrührende Müdigkeit hinzu, so sinkt, auf sicherer Ansitzwarte, der Kopf für eine Weile nach vorn.

Jagen heißt in seinem Grundprinzip aber, bereit zu sein, wach, entschlussfähig. Nicht nur im jäger-sprichwörtlich bekannten Federbett, auch auf dem Jägersitz kann man die Minuten, vielleicht Sekunden verpassen, in denen Schuss, Beute, gesteigertes Erleben der Konzentrationspunkt des Draußen-Seins hätten werden sollen. Aber wer viel Zeit auf jagdstrategisch wohl gewählten Plätzen verbringt, erwirbt im Laufe der Jahre jene schläfrige, entspannte Wachsamkeit, eine fast traumhafte Gelassenheit, die beidem Raum lässt: Jägerischer Bereitschaft und freiem Flug der Gedanken. Und schließlich und endlich: Eine verpasste jagdliche Chance nährt nach der ersten Enttäuschung neue Hoffnung, leben wir doch nicht vom Waidwerk wie unsere Vorfahren, sondern eher von der das Gemüt aufhellenden Lust an ihm und von seiner ausgleichenden entspannenden Wirkung gegenüber Geschäftigkeit und Bürodunst. In manch kritischer Lebenslage ist die Jagd mit ihrer Aufforderung zum Bewusst-Sein, zu etwas Elementaren, zu etwas scharf im Kontrast zu den übrigen Lebensfeldern Stehendem, mehr als Ablenkung und Rekreation; Trösterin kann sie sein, wie ein bekannter Jagdschriftsteller feststellt. Vor allem ist sie Stabilität verleihende Heimat.

Ein Stück Jägerromantik – gebrauchen wir dieses Wort in aller Gelassenheit, schließlich beneiden uns so Manche um sie, – liegt auch darin, eine Ansitzleiter heranzukarren, ein Hochsitzbrett anzunageln, eine Sichtschneise zu schneiden und schließlich die hölzernen Stufen herauf zu klimmen, um sich auszumalen, wo der Bock die Schneise queren, ein paar Happen Kräuter am Wegrain äsen und sich dabei schussgerecht stellen wird. Seitenstarke Bücher sind allein darüber verfasst worden, wie man jagdliche Einrichtungen baut, – welch verblüffendes Wort (ich denke dabei immer an einen Sessel vor der Trophäenwand) und vor allem, wohin man sie postiert. »Habt ihr schon wieder im Einstand herumgezimmert?«, pflegte mein Onkel Herbert zu fragen, wenn wir sommertags an irgendeine Blöße in den Laubholzwildnissen der Lech-Auen eine provisorische Leiter hingebaut hatten. »Ihr werdet es erleben, nun ist der Bock erst einmal vergrämt, – und ich schieße ihn im Herbst!« – Was denn auch nicht nur einmal so geschah! »Im April hättet ihr sie bauen sollen! Aber wenn keine Jagdzeit ist, geht ja wohl auch keiner hinaus!« Diese berechtigte Kritik bekräftigte er damit, dass er, nachdem er sich eine Zeitlang an der auf solche Weise ihm zugefallenen Trophäe erfreut hatte, sie wegschenkte an den seinerzeit leer ausgegangenen Gast. Auch mir ist so die nussbraune Krone eines Sechserbockes mit mächtigen Dachrosen und vielfältiger feiner Perlung zum Geschenk geworden. Ich habe damals schwer an diesem Geschenk getragen, kannte ich doch den Bock und wusste um den Fehler unseres übereifrigen Bauens in der Jagdzeit. Zu all dem kam noch: Es war eine von fremder Hand erbeutete Trophäe, sollte ich sie mir an meine Wände hängen? Heute kann ich mich über dieses pädagogische Geschenk freuen.

Tiefgehende Gespräche habe ich schon auf luftiger Hochsitzwarte bei fernhin schweifendem, die Gedanken befreiendem Blick geführt. Am Rande eines mageren birkendurchwachsenen Kiefernbestandes, über dessen taunasse Blaubeerteppiche wir uns in der Morgenfrühe sacht zum Waldsaum vorgetastet hatten, saßen wir im Geviert einer Kanzel unter den uns verbergenden herabschwingenden Randästen einer ausladenden Kiefer. Vor uns Saatfelder, vergraste Wege, vom flirrend maigrünen Birkenanflug wild überwucherte Moorstreifen, dazwischen noch unbestellte braune Ackerflächen, weit draußen das Dorf und zur linken, in noch weiterer Ferne jenseits des grauen Bandes eines Feldsträßleins einige dunkelrote Dächer. Der Jäger wies hinüber und erläuterte flüsternd in gebrochenen Deutsch: Jener eine weiße Giebel dort gehöre zu seinem Haus. Ich fragte nach dem Namen des Dorfes, und obwohl ich wusste, obwohl ich mir gewünscht und meine kleine Reise danach geplant hatte, in die Nähe des ehemaligen Reviers meines Vaters und meines Patenonkels zu gelangen, erschrak ich doch, als ich den Namen des Weilers hörte. Der Pole sagte erst den polnischen Namen, den ich nicht verstand, dann den deutschen. Dort also hatte mein Vater seinen ersten Hasen geschossen. – Nach der Auffassung der Alten wurde man mit dem ersten Hasen zum Jäger. – Ich kannte die Schilderung in zwei in ihrer Akzentsetzung voneinander ein wenig abweichenden Variationen: Wenn mein Vater sie erzählte, lag die Betonung darauf, wie der Hase in sausender

Fahrt den Hügel hinab geflüchtet und in seinem elegant hingeworfenen Schuss rolliert habe. Der Onkel, älterer Bruder meines Vaters, hob hervor, dass er das Wild hochgemacht und angesichts der Fluchtrichtung sich des Schusses enthalten habe, um seinen ins Waidwerk einzuführenden jüngeren Bruder zu Schuss und Beute kommen zu lassen.

Aus diesem Revier hat mein Vater gegen Endes des unseligen Krieges, der ihn und den Patenonkel nicht nur um das Revier, sondern die gesamte große Familie um die Heimat und um ihre Traditionen, ihre Wurzeln gebracht hat, seinen letzten Schlesien-Bock in dem extragroßen sonderangefertigten Rucksack auf dem Motorrad nach Hause gebracht. Ein starker Sechser sei es gewesen, und auch der Drilling habe zerlegt in dem Großrucksack gelegen. Denn sie wollten verbergen, die beiden bis ins Alter liebevoll einander verbundenen Brüder, dass sie überhaupt zur Jagd gewesen waren. Wildbret war nämlich zu dieser Zeit ablieferungspflichtig, aber ihnen ging Familienernährung vor Volksernährung.

Und jetzt saß ich hier, darauf erpicht, gerade an diesem Ort einen Bock zu erlegen, dessen Trophäe, wie gering oder – hoffentlich – stark sie auch ausfallen mochte, ein Erinnerungsstück an diese Landschaft und diese Erzählungen sein sollte. Und überhaupt war Mai, und ich wünschte mir, den Reigen des Jägerjahres mit dem geglückten Schuss auf einen Rehbock zu eröffnen.

Wir hatten an diesem Platz schon zwei Morgen verbracht und allerlei Rehwild gesehen. Draußen in einer von hellgrüner Saat umgebenen Weideninsel stand ein guter Bock mit leuchtenden, kahlen, geradezu drohend aufragenden starken Stangen. Mehrmals hatte ich den Jäger schon gefragt, wie weit es dort hinüber sei, aber er hatte nicht nur geantwortet, dass es zu weit sei, sondern auch demonstrativ sich den anderen Rehen zugewandt, – es waren stets mehrere teils fern, teils näher in Ansicht. Mir wurde klar, es ging ihm darum, mich nicht auf einen der ganz starken Touristenböcke zu Schuss zu bringen. Denn ich war zwar zahlender, aber über einen Freundesweg eingeladener und daher nur einen mäßigen pauschalen Preis entrichtender Gast. Später ist mir klar geworden, dass der wohlmeinende polnische Jagdkamerad es darauf anlegte, mich akkurat auf die Böcke zu führen, die nach den internen Regeln seiner Jagdleitung noch unter die Pauschale fielen, anderseits aber doch so starke und besondere Trophäen trugen, dass sie mir eine freudige Erinnerung an die wenigen Jagdtage in der Landschaft sein würden, die nicht meine Heimat war, die ich das erste Mal sah, aber über die ich soviel gehört hatte, dass mich viele Gefühle mit ihr verbanden. Kurz – er verstand mich. Die Liebe zu Heimat und Tradition ist international. Jäger verbindet sie allemal.

Also galt es, auf andere von der nächtlichen Äsung waldwärts ziehende Böcke zu warten, die mit dem Abtrocknen des Taues und angestoßen durch die beginnende Betriebsamkeit auf den Landstraßen und Feldern ihre Siestaplätze in den Kiefernheiden anstreben würden. So ein langer Ansitzmorgen auf luftiger Warte bringt den Jäger ins Nachsinnen. Die Jagd, welchen Stellenwert hat sie im Lebensrückblick und Pflichtenheft eines Mannes, der geliebte Menschen, seine Heimat, seine gesamte Habe verloren, der nur das nackte Leben gerettet hat, der nur noch das besitzt, was in seinem Herzen geblieben ist und das, was er kann und weiß? Aber doch, wenigstens ein handgreifliches Stück aus der Vergangenheit, der anderen Zeit, hatte mein Vater mir noch vorweisen können: den erwähnten Rucksack. Die Brüder hatten die Rucksäcke getauscht; mein Vater nahm den Militärrucksack seines Bruders, der in der Heimatstadt zunächst zurückbleibende Bruder, mein Patenonkel, den voluminösen, in Sonderanfertigung nach Angaben meines Vaters maßgefertigten Riesenjagdrucksack aus segeltuchdickem Schilfleinen, in dem zwei Rehe und drei Hasen miteinander Platz finden konnten. Das war die erhoffte Wochenendestrecke im weit draußen vor Breslau liegenden gemeinsamen Revier, das man mit dem Zug oder dem Motorrad aufsuchte. In den späteren Kriegsjahren half – wie erwähnt – das Ausmaß des Riesenrucksackes, die Strecke vor neugierigen, nachprüfenden und begierigen Blicken zu verbergen. Eines Tages in den sechziger Jahren brachte mein Onkel diesen Rucksack mir mit, nachdem feststand, dass ihm sich die Gelegenheit zum Jagen nicht mehr bieten würde und er für die geliebte Fischwaid ein solches Riesenbehältnis nicht benötigte. Der vielbenutzte Rucksack ist inzwischen im wahrsten Sinne des Wortes verschlissen, eines Tages fiel mir der aus weiten Niederungswiesen heimzutragende, von meinem Vater gestreckte Bock, in die Kniekehlen. Aber der Militärrucksack, den ich gewaschen und hergerichtet habe, leistet mir noch heute bisweilen Dienste, und ich werde ihn aufbewahren als Symbol dafür, dass ein Mensch nur mit dem Vertrauen auf den eigenen Geist und mit seinem Wollen und Sehnen im Gepäck auch jenseits der Mitte seines Lebens, und vielleicht überhaupt und immer, noch einmal von Grund auf neu beginnen kann… .

Mein Vater wollte gern wieder jagen. Er war dankbar für jede Einladung, für die Berührung mit der grünen Farbe. Darin sah er Kontinuität.

Das Land seiner Familientradition allerdings wollte er nicht wieder sehen, nachdem eine dauerhafte Rückkehr undenkbar war, nachdem Fremde darin wohnten. Er mochte das Land und das Revier nicht betreten, von denen Leute Besitz ergriffen hatten, die eine fremde Sprache sprachen, – wiewohl er wusste und anerkannte, dass sie selbst Vertriebene waren, es notgedrungen, auf Zuweisung, nicht als Eroberer übernommen hatten. – Wenn ich meinen Vater bat, die eine oder andere Bockjagd aus Schlesien-Zeiten zu beschreiben, – die Jagd auf den Rehbock bedeutete ihm die Krone jägerischen Lebens, – und die Trophäen der erlegten Böcke, ihre Stärke, ihr Alter, so kamen immer nur wenige sich wiederholende Antworten heraus. Farbiger wurden die Erzählungen, wenn es um die Menschen ging, mit denen er gejagt hatte: der Bruder, – mein Patenonkel –, der Onkel, auf dessen Gut er mit der einläufigen Tellbüchse im Kaliber 9,3 x 72 R seinen ersten Bock erlegte hatte, der Freund, der ein großes gräfliches Gut verwaltete und bei Kriegsende dort blieb. Denn er meinte, ihm, dem einfachen Bediensteten, würden die neuen Herren seine bisherige Aufgabe belassen, weil er das Land so liebte, dass er auch unter neuen Besitzern und fremder Sprache dort arbeiten wollte, und dem diese Liebe kurzerhand mit einer Pistolenkugel vergolten wurde.

Mein Vater liebte es, nach der Jagd bei einem Glas Wein zu plaudern, im flackernden Schein des rubinrot umglasten Windlichtes oder unter dem warmen Lichtschein der bastbespannten Lampe nahe den wenigen Trophäen der Nachkriegszeit. »Als ich so auf dem Hochsitz saß und über die Wiesen zum Soundso-Hof hinüberschaute, da kam mir der Gedanke…«. So hob er oftmals an, und es entspann sich aus den Hochsitzgedanken heraus der Faden eines Gespräches, das aus der Jagd kam, aber durch alle Täler und über alle Berge des Lebens führen konnte.

Rehbockjagd in taufunkelnden Maiwiesen

Später Maimonat, das Gras steht hoch, das Getreide hat Ähren getrieben, überall Deckung und Äsung in Hülle und Fülle. Wer seinen Frühjahrsbock nicht in den ersten Tagen des Monats gestreckt hat, hat jetzt schwieriges Suchen. Für meinen Onkel in Niederbayern galt ehedem allerdings: Bevor die Böcke nicht rot sind, gehe ich nicht hinaus! Das bedeutete in den Jahren, in denen die Eisheiligen in der zweiten Maihälfte ein spätes Winternachspiel gaben und die Rehe, ob der fortwährenden Kälte, spät das Haar wechselten, dass vor Mitte Juni dort in den Lech-Auen kein Bock fiel.

Rückerinnernd denke ich, dass nicht so sehr die Waidgerechtigkeit zur Tradition dieses späten Jagdbeginns beitrug, sondern eher praktische Erwägungen um den Transport eines gestreckten Rehbockes zum Wildhändler. Ein Reh, dem büschelweise buchstäblich das Haar ausfällt, lässt sich kaum als Expressgut auf der Bahn versenden. Solcher Versand war damals durchaus üblich. Ich selbst habe als junger Jäger sorgsam an den Läufen zu einem Paket zusammengeschnürte, mit einem Pakethänger und eingeklippter Ursprungsmarke versehene Rehe zur Bahnstation gefahren. Dort nahm sie der Bahnbedienstete bar jeder Verpackung, an der Rampe entgegen und trug sie in den nach Augsburg bestimmten Waggon hinüber, wo sie dann der Wildhändler, von der Güterbahnstation telefonisch benachrichtigt, abholen würde. Auch ein Hase kam einmal per Bahnexpressgut von Bayern nach Schleswig-Holstein als Weihnachtsgeschenk. Er hing, wie er war, nach seinem Eintreffen noch etliche Tage bis zum Festtag am Dachboden unter den blanken Ziegeln im kalten Luftzug, wurde dann abgebalgt, unter Ausschneiden der blau-grün angelaufenen Bauchlappen ausgeweidet, über Nacht in Buttermilch gelegt und zu Weihnachten unter allgemeiner Belobigung des so typischen Hasengeschmackes verspeist. Heutige Lebensmittelüberwacher würden sich die Haare über solche Behandlung menschlicher Nahrung raufen und das Wild vermutlich, nicht ohne vorheriges Anlegen von Schutzhandschuhen, der Entsorgung zuführen. – Mein Vater, in punkto Lebensmittel von Berufs wegen vom Fach, sah die Dinge gelassen und meinte, an durchgebratenem Wildbret sei noch niemand erkrankt, – und nur so gehört Wild serviert! Rehrücken »medium« war seinerzeit jedenfalls nicht üblich und schmeckt auch nicht sonderlich.

Aber wir sind ja nicht im Winter, bei Schnee und gefrierkaltem Wetter! Vielmehr sind wir im Mai, die Vegetation bietet dem Rehwild schon Deckung bis zur Rückenlinie, aber noch steht sie nicht so üppig wie im Hochsommer, noch kann die hochstehende Sonne hinein scheinen und rings um die Rehbetten in Mengen frische Kräuter hervorsprießen lassen. Ende des Maimondes werden die Böcke heimlich. Jetzt einen der Herren in der endlich rot gewordenen eleganten Sommerdecke zu erjagen, vor allem wenn es nicht ein bei den Auseinandersetzungen um die Sommereinstände an die Peripherie, an den Dorfrand oder in die Straßennähe, abgedrängter Jährling sein soll, erfordert besondere Kunst und spendet Freude. Mir haben sich die taunassen Morgen bewährt, genauer gesagt: die späteren Morgenstunden, wenn die Sonne den Tau verzehrt. Bildhaft sprechen Autoren jagdlicher Schilderungen davon, das Wild trockne sich um diese Frühstunden die Decke. Trocknen kann sich alles Wild aber rasch, indem es sich bei gesträubtem Haarkleid schüttelt. Ich meine vielmehr, dass an Taumorgen oder nach nächtlichem Regen das Rehwild noch ein wenig hier und da naschend herumzieht, bis seine Tagesruheplätze vollständig abgetrocknet und aufgewärmt sind.

Ein Freund wollte mir mit einem – wie er sagte – ordentlichen Abschussbock eine Freude machen. Ordentlich bedeutete in seiner Situation als Jagdherr: der Bock sollte ein Gehörn tragen, dass schon eine verlockende Trophäe bedeutete, aber nicht mit dem klassischen Schießscheiben-Sechsergehörn prahlte, um das seine Jagdpartner und die vielen Gäste, denen er verpflichtet war, mich beneidet hätten. Also ein Ib der alten Einteilung, ein älterer Gabler oder Spießer, sollte es sein. – In den Wiesen hinter den Teichen, auf die Jagdgrenze zu, so der Jagdherr, habe ein Bock mit leuchtendem kahlen Gehörn gestanden, der alle anderen weggetrieben habe. Aber seit Wochen sei er nicht mehr sichtbar, nur die Ricken samt ihren schon mitziehenden Kitzen erschienen abends auf der Bildfläche, und bisweilen ein guter Jährlingsgabler. Ich sei doch Morgenspezialist, vielleicht könnte ich auf einem Frühansitz den Platzbock zu fassen bekommen?

Die Situation war folgende: In die anmoorigen, dem Fichtenforst vorgelagerten, von Binsenstreifen, Schilfrändern und einigen von den

Böcken befegten Weidenbüschen durchsetzten Wiesen waren Fischteiche eingelassen worden. Der dabei angefallene, jetzt längst überwucherte Erdaushub umrandete sie. Die Rehe mussten entweder oberhalb der dem Waldrand vorgelagerten Teiche vorbei, wo nach wenigen Metern ein alter Torfgraben die Jagdgrenze markierte, oder unterhalb der Teiche, wo eine für die winterlichen Sau- und Rotwildansitze aufgerichtete Kanzel sich an den Teichwall anfügte. Nur selten trauten sich Rehe über den schmalen Mitteldamm. Von der Kanzel am untersten Ende dieser Naturbühne hatte man beherrschende Übersicht, aber man war – im wahrsten Sinne des Wortes – weit ab vom Schuss. Sollte wirklich einmal ein Reh über den nur einen Fußgängerpfad schmalen Engpass des Teich-Mitteldammes wechseln, so konnte man durchaus noch hinüberlangen, aber Wild, das jenseits wechselte, war unerreichbar, denn die Teiche hatten eine Länge von gut zweihundert Metern. Auf den Dämmen ließ sich kaum pirschen, sie waren so mit Hartgräsern verstruppt, dass jeder Schritt den Jäger mit weithallendem Geknister ankündigte. Zudem schien es mir, dass die ruhig daliegende Wasserfläche der Teiche den Schall abprallen und weit hintragen ließ. Jedenfalls hatte ich früher dort schon eine Menge Fehlpirschen getan. Es blieb mir also zunächst nur, sehr frühzeitig des Abends zu kommen, mich zu einem Erkundungsansitz in einen Schirm auf dem Außenwall des wiesenseitigen Teiches einzuschieben, die in der Moorteichnähe zahlreichen Mücken zu ertragen, mich der vom Forst zu den Tränken in den Wiesenauen hin und her streichenden Turteltauben zu erfreuen und zu warten. Den Nachbarn traf im Übrigen eine ähnlich benachteiligende Situation: Er konnte seine Kanzel nur auf weitem Weg durch die Wiesen erreichen und verlassen, bei dem er sich allem Wild deutlich sicht- und hörbar präsentieren musste. Der Bock durfte unter diesen Bedingungen durchaus noch am Leben und schon vorsommerheimlich geworden sein. Dies alles rechnete ich mir aus den Erfahrungen vorheriger Jagdeinladungen in diesen Revierort heraus. Es erschienen bei diesem Abendansitz – außer dem Nachbarn, der dann fernab als dunkler Brocken im ausgebleichten Holzgestell seiner offenen Kanzel hockte, – ein knallroter Jährlingsgabler mit gelb prahlenden glatten Stangen und drei Ricken, alle mit Zwillingsnachwuchs, außerdem mehrere der seltenen Turteltauben, einige Krickenten und Bisam.

Mir war dieser Platz lieb, weil kein Weg dort vorbeiführte, auf mehreren Hektar Wiesengrund eigentlich kein Störer erscheinen konnte, um seinen Puls hoch zu joggen oder zumindest seinem Hund mit einer kleinen Hetze an einem Hasen oder einer Stöckchen-Apportiererei im Wildentengewässer eine Gesundheitskur zukommen zu lassen. Mit dem Hund hinauszugehen, ihn unter frohen Zurufen fleißig revieren und apportieren zu lassen, erhöht ja wohl den Abendbrotappetit ungemein, auch wenn Frauchen oder Herrchen dabei wenig Kalorien verbraucht. Aber bauen wir auf die psychische Stärkungswirkung solcher Gänge, die denn wohl auch wissenschaftlich nachgewiesen ist. – In diesem entlegenen Winkel erschien an diesem Abend zum Glück keinerlei Störenfried, aber, wie gesagt, auch nicht der gesuchte Altbock, und der Nachbar kam eben so wenig zu Schuss wie ich. Freude allerdings machten mir die Bisam, und ich unternahm auf die im Uferschatten eifrig hin und her rinnenden Schwimmer einige Zielübungen.

Als ich junger Jäger war, galten sie mir als Wild. Ich kann auch nicht verstehen, welche gesetzgeberische Weisheit sie heute dem Zugriff des Jägers entzogen hat. Denn reduziert werden muss der Bestand an diesen von Menschenhand hereingebrachten Einwanderern, jedenfalls dort, wo sie Dämme und Deiche untergraben, was gerade in den Küstenländern erhebliches Gefahrenpotential bedeutet. Wieso also der Jäger nicht mehr auf die Bisam sein Gewehr benutzen soll, wenn er doch ohnehin dort zugegen ist, wo sie hausen, sondern zur Bisam-Jagd ein spezieller Bisam-Jäger, sprich Fallensteller, antreten muss, kann ich nicht verstehen, zumal das Fangen in Fallen unter Wasser, in denen der Bisam ertrinkt, grausam, das Stellen von Schlagfallen an Land gefährlich für Mensch und vieles Getier ist. In meinen Jungjägerzeiten jedenfalls wurden sie geschossen, es gab fünf Mark beim Deichgrafen, wie der Vorsitzende des Deich- und Siel-Verbandes hieß, für jeden ihm vorgewiesenen Bisamschwanz.

Einen Jagdnachbarn meines Vaters habe ich einmal um den Erfolg seines Bockjagdabends gebracht, indem ich, von seiner Anwesenheit hinter dem Deich nichts ahnend, wo in den jenseitigen, von vielen verschilften und distelumwuchterten Gräben durchzogenen Wiesen sommers die Rehe steckten, Schrotladungen und Einstecklaufkugeln aus dem väterlichen Drilling auf die Bisam in der schmalen Grenzau versandte, um mir die erstrebten Zusatzeinnahmen zu verschaffen. Ein Bisambalg als Einzelzierstück oder gar eine Jacke, ein Innenfutter oder eine Decke aus dem leichten, geschmeidigen Bisampelz sind übrigens begehrenswerte Trophäen.

Auch an diesem Teich, daran dachte ich bei meinem Erkundungsansitz zurück, hatte ich einmal einen Bisam erlegt. Es war bei der ersten Reviererkundungsfahrt mit dem späteren Freund und Jagdherrn; er stellte mir sein Revier vor. Als Gewehr hatten wir, es war Spätfebruar oder März, nur seine kleine Magnum-Büchse im Wagen. Jedenfalls rann mitten auf dem großen Außenteich ein Bisam hin und her, offensichtlich seiner Burg im Damm Baumaterial zutragend. Immer wieder tauchte er, um es durch eine der unter Wasser gelegenen Einfahrten hinein zu befördern. Augenblicke später war er schon wieder oben und schleppte emsig weiter Schilfhalme und Weidenzweigspitzen zusammen. Beim Angeln an einer klaren Au habe ich den arbeitsamen Tieren und eleganten Schwimmern oft zugeschaut, die im Wasser nichts Rattenartiges an sich haben, sondern eher an den großen Vetter Biber erinnern. Jedenfalls beschied der Freund, dass der Bisam sein Feind sei, weil er die Fischteichwälle beschädigte, zudem sei das Apportieren eines Bisam für den Vorstehhund eine gute Übung in jagdstiller Zeit. Ich erhielt also die .22 Magnum ausgehändigt mit dem Hinweis, der Stecher raste nicht ein, ich solle über den Druckabzug schießen. Mit fremdem Gewehr, unscharfem, weil nicht für meine Augen zurechtgedrehtem Zielfernrohrbild und über Druckpunktabzug schoss ich also auf glatte hundert Meter auf den breit schwimmenden Bisam von der Dammkrone aus. Mir kam in letzter Sekunde vor dem Abkrümmen des Fingers, als der Bisam nahe dem Ufer war, so dass der Damm eine abprallende Kugel einfangen würde, der Gedanke, ich müsse wie beim Schießen auf eine auf dem Wasser liegende Ente tief halten, damit das sich womöglich aufnehmende Geschoß flach dahin gehend in jedem Fall die Schwimmbahn des Bisam kreuze. Ich hielt also tief vorne vor das schwimmende Wild, krümmte ab – und der Bisam zeigte die helle Bauchseite. Der Kurzhaar apportierte begeistert, sein Herr aber war noch mehr angetan und lobte damals und noch vielfach später meine Schützenkunst, mit der ich meiner indianischen Herkunft alle Ehre mache (ich wohne in einer Stadt der Karl-May-Spiele). Wären doch später alle meine Kugeln so »gerad hingegangen«, wie meine bayerischen Verwandten derartiges Schützenglück zu beschreiben pflegten! Ich selbst glaube eher an einen – allerdings geschickt vorbereiteten – Zufallstreffer: die vor dem Bisam auftreffende Kugel mag flach über das Wasser dahin gestrichen sein, sich womöglich aufgesplittert haben und so zur Freikugel geworden sein.

Also: der Bock vom Bisamteich kam nicht. Aber ich kam andern morgens wieder, ließ das Auto weit zurück, damit nur kein Lärm die Rehe in den stillen Wiesen rebellisch mache. Denn das Motorengeräusch des ersten Autos, des ersten Traktors des Morgens bedeutet dort draußen oftmals das Auftaktsignal für das allseitige Einwechseln des Rehwildes in den Forst. Ich schlich geduckt unter der Schmalkante des langen Teiches vor, erklomm sacht die Kanzel, deren Tür ich wohlweislich am Vorabend geöffnet hatte. Über den Teichen und Wiesen braute der Fuchs, wie das Dahinwallen des Bodennebels hierzulande in alten Erzählungen malerisch beschrieben wird. Eine Krickente hob sich von der bleiglänzenden Teichfläche ab, einmal scherenschnitthaft scharf, dann wieder in weich verschwimmender Kontur; sonst war keine Bewegung, kein Laut in den grauüberdämmerten Wiesen. Jubel überkam mich, trotz der Farblosigkeit und frühnässeklammen Stimmung, die über dem schweigenden Land lag: Ich war fast lautlos an meinen Platz gelangt, der Wind stimmte, zog schräg von vorn über den Teich heran, und noch war kein Wild auf den Läufen. Es würde ein langer Frühsommermorgen werden, mit Wildanblick, immer heller werdenden, immer vielfältiger aufleuchtenden Farben und letztem Frühlingsnachgesang der Vögel im nahen Erlengehölz, das die Ostseite der Teiche umgrenzte. Nun hieß es, einfach zu warten, eine Tugend, die der sich ein Jäger häufig üben muss.

Mit diesem malerischen Revierwinkel verbinden mich vielfältige Erinnerungen rund ums Jagdjahr. Einmal saßen wir auf der aus grauschiefrigen Holzplanken gezimmerten Terrasse der kleinen Fischerhütte am benachbarten, durch einen Fichtenwald vor dem Wind geschützten Teich und genossen unser Picknick. Mit von der Partie war mein ältester Sohn, der allerdings von der Szenerie nichts miterlebte, weil er im Kinderwagen schlummerte. Rechts neben dem Gefährt lehnte am Geländer mein Stutzen, denn der Inhaber der Fischteiche, zugleich der Jagdherr, hatte geäußert, falls ein geringer oder mittlerer Bock auftauche, hätte ich ihn frei, – neben einer Mahlzeit Forellen. Derentwegen lehnte auch die Angel an der Terrassenbrüstung. Eben hatten wir auf dem kleinen Holztisch unsere Abendmahlzeit begonnen, da zog, ohne nur einmal zur Hütte herüber zu äugen, aus dem Dunkel des Fichtenstreifens ein Reh ins Schilfgras des Teichdammes. Im Schatten der Bäume äste es sich dann dicht am Wassersaum von uns weg. Ich nahm das – ebenfalls bereit liegende – Glas. Es war ein Bock! Helle, glattgefegte, nicht eben dünne Gabelstangen trug er auf dem Haupt. Der Teichbock, hatte der Gastgeber gesagt, sei zweijährig. Falls ich nicht zu einem anderen Urteil gelange, müsse er nicht unbedingt fallen, so behütet wie er dort in der Herzkammer des Revieres stehe. Ich gelangte zu anderer Auffassung: Der schwere

Rumpf und das kurze gleichmäßig rehbraune Stirnhaar passten nicht zu einem Zweijährigen. Dass der Bock so vertraut war, musste ein vorgerücktes Alter nicht ausschließen. Wahrscheinlich war er hier groß geworden und kannte den Hüttenbetrieb als ungefährliches Menschengewerkel. Ich griff zum Stutzen, ließ ihn dann aber doch wieder sinken. Es würde dem Jagdherrn nicht gefallen, wenn der Teichbock nach seiner Rückkehr aus dem Urlaub nicht mehr dort um die Wege war. So unterblieb der Schuss über das Chassis des Kinderwagens hinweg, und wir nahmen nur eine Mahlzeit Forellen mit heim und eine außergewöhnliche Erinnerung an einen langen, bezaubernden Junitag.

Ob der Gesichtete wirklich der bekannte Teichbock oder ein zufällig aus den weiten Moorwiesen hereingezogener Bock war, hat sich nie aufgeklärt. Im folgenden Frühjahr fiel draußen in den weiten Wiesen vor den Teichen, von des Landrats fernhin treffender Büchse, ein glattstangiger alter Bock. Das schmucklose Gehörn zeigte allerdings sechs Enden. »Mittelmäßiges Gehörn, aber darauf kommt's nicht an, – prächtiges Erlebnis!« kommentierte der auf seine über zwei Wiesenbreiten hinweg präzise versandte Kugel stolze Erleger das Ereignis. In jenem Sommer tauchte der Teichbock dann nicht mehr auf. Einmal hätten der Jagdherr oder jemand aus dem Kreis seiner Freunde und Familienmitglieder, von denen viele das vertraute Reh vom Vorjahr kannten, ihn erblicken müssen. So mag aus dem Teichbock der Landratsbock geworden sein.

An jenem Morgen am Bisamteich sank mir mehrfach, – ich war um die fünfte Frühstunde eingetroffen, – der Kopf auf die Brust. Schließlich legte ich den Oberkörper nach vorn gegen die Brüstung, so dass der kühle Teichwind mir über die Stirn strich, und schlummerte ein wenig dahin. Mit einem Mal gewahrte ich unter den schwer gewordenen Lidern heraus, dass drüben am nachbarlichen Forst in mandarinfarben angehauchtem Braun die Stämme einzelner Randkiefern und frischgrün die wenigen schlank aufgeschossenen Buchenkronen vor der düsteren Fichtenkulisse aufleuchteten, während im Kontrast dazu das Erlengehölz tief dunkelgrüne Schatten auf den Teichdamm warf. Die Sonne hatte sich hinter meinem Rücken über das Auenland erhoben! Jetzt schimmerten die Hartgräser auf den Teichdämmen gelb und ockerfarben, und das Wiesenland schwamm in nebligem Lichtgrün. Wie von unsichtbaren Fäden gen Himmel gezogene große Wäschestücke verflüchtigten sich die Nebelschwaden. Es wurde Tag, jetzt hieß es aufpassen!

Das Rund des stark vergrößernden Glases kreiste über den Wiesen, ich lehnte mich weit durchs Kanzelfenster hinaus, um auch über die linke Schulter tief ins Auenland hinein zu schauen, wo in der Ferne auf etwas höher gelegenem Land milchig grün sich Roggenschläge erstreckten. Auch von dort konnte ein Bock kommen. Die Flächen, die ich, nachbarliches Land einbezogen, überblickte, hatten das Ausmaß eines halben Eigenjagdbezirkes. Nach und nach tauchten die leuchtend kupferroten Flecken der Altrehe, die fuchsroten der Schmalrehe und die gelbroten der noch gefleckten Kitze auf. Insgesamt zählte ich ringsherum siebzehn Stück Rehwild. Auf des Nachbarn Kanzel fehlte diesmal der dunkelgrüne Brocken. Dafür zog dort, düsterrot, womöglich noch nicht vollständig durchgefärbt, ein trotz der dreifachen Büchsenschussentfernung als Altbock identifizierbares Reh. Als es gegen den finstergrünen Tann stand, sah ich magere blitzend-gelbe Stangen auf seinem Haupt aufschimmern, – das war ein bisher, jedenfalls auf unserer Seite, unbekannter alter Bock. Mochte er dem Nachbarn in seinen Frühmorgenträumen begegnen. – Aber ich will dem Nachbarn nicht unjägerische Schlaffheit nachsagen: Vielleicht musste er auch im Kuhstall am Melkstand arbeiten. – Noch ehe es vollends hell war, verschwand der Alte neben der Nachbarkanzel im Forst. Auf dem Damm in der Mitte des rechten Teiches tauchte dafür ein hellroter Bock auf, als solcher zunächst nur daran erkennbar, dass er den einzigen dort stehenden und bereits vielfach befegten Weidenbusch erneut hernahm, so dass die Zweige nur so hin und her wuchtelten. Der Bock war stark im Wildbret! Endlich trat er ins Freie, stand gegen den silbernen Wasserspiegel als Silhouette. Er zeigte leuchtende spargelgelbe Gabelstangen auf noch spitzem Haupt bei beachtlich muskulösem Hals und großer, wenn auch hochläufiger Figur. Auch er war nicht der gesuchte Altbock.

Jener Bock hier auf der Mitte des Teichdammes war so einer, an dem man sich hätte vertun können. Er war zweifelsfrei, der spitze Kopf und das jugendeifrige Benehmen zeigten es, einer der ganz guten Jährlinge des Reviers und keinesfalls, wie man auf den ersten Blick hätte annehmen können, ein mäßiger Zwei- oder gar Dreijähriger. Einmal stand er als rote Statue auf der Dammkuppe, dann wieder war er unten im Steilhang tief in die Weidenbüsche eingetaucht und schlug mit kraftvollen Stößen in die wippenden Ruten. Mit einem Mal verhoffte er in halber Hanghöhe, äugte rückwärts in die Wiesen und zog dann mit durchgedrücktem Rücken schleunigst dem Fichtenwald zu. Noch konnte ich nicht ausmachen, was ihn so jäh aus seiner kindlich anmutenden Kraftmeierei herausgerissen hatte. Einen Menschen hätte ich wahrgenommen, wenn wirklich einer quer über die Wiesen herüber gestiefelt wäre. Wechselte gar eine Sau an, oder ein stärkerer Bock? Da sah ich ihn auch schon: lehmgelb, fast ein wenig grau überhaucht der Wildkörper. Im Scheidezaun zwischen der ersten und der zweiten Teichwiese stand er, den Vorschlag hoch aufgerichtet, gegen den Teichdamm hinäugend. Dann kam er! Gesenkten Hauptes, hier und da einen Happen äsend, aber doch so zügig, dass ich mich beeilen musste, ihn näher in Augenschein zu nehmen. Denn er zog im oberen Drittel der Teichlänge, und deshalb war zu befürchten, dass er nicht den Mittelquerdamm annehmen, sondern jenseits um den Teich herum wechseln würde. Dass ein älterer Bock stellenweise frei sichtbar über den Mitteldamm ziehen würde, der kein Abflüchten zu den Seiten zuließ, vermochte ich mir nicht vorzustellen. Der Bock hatte eine breite Stirn, aber auch einen leuchtend weißen, wenngleich ins Hellgrau der Stirn verschmelzenden Muffelfleck, die Stangen waren gut lauscherhoch, gelb, wenig vereckt, aber durchaus kräftig. Näher und näher kam er dem Teich, war mehrfach durch das hohe Gras am Rande des Teichdammes, alte Zaunteile, den ersten teichnahen Weidenbusch verdeckt. Doch, das war ein alter Bock, ständig in Bewegung, mächtig im Rumpf. Endlich drehte er einmal das Haupt, und ich sah, dass er Gabelstangen trug. Also war er keiner der Prachtsechser, über die der Jagdherr seinen Freunden zuliebe die schützende Hand halten musste.

Mir war klar, dass es wochenlang dauern konnte, in den verwachsenen unzugänglichen Wiesen mit den unendlich langen Wald- und Moorkanten, die sich dies- und vor allem jenseits der Jagdgrenze anschlossen, den vielen Fichtenschöpfen und dem großen dahinter gelegenen Forst diesen und überhaupt einen älteren Bock wieder auf überschiessbare Entfernung vor die Büchse zu bekommen. – Ich entschied, die große Hochwildpatrone aus dem Bergstutzen zu versenden, hinein in all dieses Hartgras. Flus nannten bildhaft die Jäger in meiner Elbmarschenheimat solche verstruppte, hagere Grabenrandvegetation. Gerne suchten sich im Flus die Marschhasen ihr Lager. Rasch richtete ich mich ein. Der Bock stand klein vor dem Absehen, zog wieder, verhoffte verdeckt; kürzer und kürzer wurde der Winkel zum Teichdamm, in dessen Sichtschatten er alsbald eintauchen würde. Es war mehr an hundertundfünfzig denn an hundert Meter dort hinüber! Aber das Gewehr lag ruhig auf meiner Mütze, und ich hatte den rechten Ellenbogen fest gegen die Kanzelwand eingestemmt. So brach der Schuss, der Bock fuhr mit tiefem Haupt gegen den

K.P. Reif

Teichdamm hin, zwanzig, dreißig Fluchten. Noch immer fiel er nicht! Dann verdeckte ihn der Damm. Ich lud nach, hielt mich bereit. Kam der Bock dicht unter dem Damm herunter, dann würde er vor dem Kanzelfuß auftauchen. Nahm er den Mitteldamm an, dann würde ich sehr schnell auf den Ziehenden schießen müssen. Oder umwechselte er den Teich in jenseitiger Richtung, weg von dem Ort, von dem aus der Schuss auf ihn gefallen war? Dann würde ich ihn allenfalls auf dem jenseitigen Damm, gut zweihundert Meter entfernt, noch einmal sehen können, wenn er nicht gar in die unsichtigen anmoorigen Nachbarwiesen und von dort in den Forst hinein sich verdrückte. – Nichts von alledem geschah. Die Sonne begann den Tau zu verzehren. Ein Bisam zog seine Dreieckswelle über den Teich, fern wechselte eine Ricke mit zwei Kitzen am nachbarlichen Hochsitz vorbei dem Fichtenhochwald zu, eine weitere tauchte neben mir auf und nahm mit ihrem ebenfalls doppelten Nachwuchs hinter mir einen Roggenschlag an. Schließlich bummelte, dem Wechsel des Bockes folgend, ein einsames ziegelrotes Schmalreh heran, das irgendwo in den binsenverstruppten Wiesen gesessen haben musste. Es zog zügig über den Mitteldamm und verschwand in der dunklen Fichtenkulisse.

Leise glitt ich von der Kanzel, legte Mantel, Glas, Sitzkissen am Fuß der Leiter ab und schritt, den Stutzen bereit, behutsam den Teichrand entlang. Als ich die Stelle erreichte, an der der Mitteldamm abzweigt, sah ich den Bock! Lang ausgestreckt ruhte er im trockenen Gras, das dicke Haupt auf eine Schwade gebettet, düsterrot rann ein schmaler Streifen schon trocknenden Schweißes aus dem Schussmal tief hinter dem Blatt. – Jetzt war der wundersame, aber auch kühle Morgenzauber entwichen, die Sonne strahlte sommerhell, alle Dunstschwaden hatte sie längst verzehrt, Tau funkelte nicht mehr. Ein prächtiger Spätmaientag begann.

Juni – eine Sommersau

Sommersonnenwendzeit: So früh die Morgen, unendlich lang die Abende! Früher, als die Entenjagd bereits im Hochsommer anging, erlebte ich in der Weite der Elbmarschen besonders stark die Beglückung der lichten langen Sommerabende, die um den 15. Juni beginnen und nur etwa bis zum 20. Juli andauern. Schleswig-Holstein hat vor und nach dem Johannistag einige Tage, an denen der spätabendliche oder frühmorgendliche Wanderer eine Ahnung des Nordsommers erleben kann, – ein beglückendes Erlebnis, dass dem Jäger als Zusatzgeschenk zu seiner Passion zufällt, während viele in dieser Region lebende Menschen es noch nie erlebt haben und bei dem Stichwort Mittsommernacht an ferne Reiseziele hoch in Skandinavien denken. Bevor der deutsche Kaiser Wilhelm II. mit den Nordlandreisen auf der kaiserlichen Yacht Hohenzollern den Auftakt zum Norwegen-Tourismus gab, hob die seinerzeitige, eher wissenschaftlich ausgerichtete Reiseliteratur übrigens die Beschwernis der langen dunklen Winternächte hervor. Der Norden galt als finster, als Land der düsteren Bergwälder und der unberechenbaren Trolle. Dann, mit dem geänderten Blick des Erholungsreisenden, der das Geschenk der Schöpfung auch und gerade in wilder, entlegener Natur bewundert, wandelte sich die Literatur über die Nordländer: Die lichten Mittsommernächte rückten jetzt in das Blickfeld; sie wurden zum Werbeträger auf den Plakaten und in den Prospekten der Reisegesellschaften.

Um der Jagd willen auf ein paar Stunden Schlaf zu verzichten, dessen man in den lichten Sommernächten ohnehin nicht so sehr bedarf, fiel mir nicht schwer. Zwei, drei Stunden lang ist man des Hochsommermorgens, allen Landwirten, Joggern, Hundeausführern zuvorkommend, der allererste und einzige Mensch draußen. – An einem solchen Morgen hatte ich unter einer Gruppe mächtiger silbern und grün glänzenden Eschen, meinen Lieblingsbäumen, das Fahrzeug zurück gelassen. Nun pirschte ich am Rande eines trockener gewordenen und mit Erlen dicht durchwachsenen Moores den Niederungswiesen zu. Den von Brennnesseln umwucherten Weg hatte seit längerem kein Fahrzeug mehr befahren. Denn die Gräser auf seiner Mittellinie waren in Saat geschossen, Klettenstauden reckten unversehrt ihre Köpfe empor. Links neben dem Weg hatte auf einer etwas höher gelegenen Insel in dieser Bach- und Moorniederung ein Fichtenhochwald gestanden, den nun aber der Sturm zusammengeschlagen und dessen Reste man gefällt hatte. Die von den Waldarbeitern bereits im Winter abgeräumte Fläche wartete der Aufforstung mit Buchen. Einzelne niedrige Anflugfichten, Gruppen lichter Holunderbüsche und üppige Brombeerbeete stocken darauf. Der Weg trennte diese sich wild entwickelnde Brache vom schilfunterwachsenen und von einzelnen braunen Gräben durchzogenen Moor. Er führte hinaus auf eine einsame weite, halbbogenförmig vom Moor eingefasste Wiesenfläche, die bereits Ende Mai gemäht worden war und jetzt wieder saftig grüne Äsung bieten musste. Dort erhoffte ich zu früher Stunde einen der Böcke in Ansicht zu bekommen, die das Moor barg. Die Rehe blieben oft tagelang darin stehen, hielten keine Wechsel und traten nur gelegentlich bald hier, bald da aus. Die Wiesenfläche, der ich zupirschte, war die einzige hier herum, die überhaupt regelmäßig gemäht wurde. Sie musste jetzt ein Wildmagnet sein. Auch eine Sau, dachte ich, könnte hier auf verspätetem Heimweg zum Tagesruheplatz im Schilf des Moores um die Wege sein.

Sommersauen zu bejagen, ist nicht einfach. Die Frischlinge sind oft noch gering, und nur um der Wildschadensverhütung Willen einen Zwölf-Pfünder totzuschießen, der drei Monate später schon eine gute Beute sein wird, wer mag das schon? Die Keiler sind heimlich, die Verwechslung mit einer Bache ist im hohen Korn oder Gras leicht möglich. Ebenso schwierig gerät die Bejagung der Überläufer: Sind es führende Stücke, oder einzeln Gehende? Ein sauerfahrener Jäger hat mir eine Faustregel für die Sommerjagd mit auf meine waldgrünen Wege gegeben: Die Schwarte der Bachen, die gefrischt haben, mutet noch winterschwarz oder jedenfalls dunkelgrau und rauh an. Frischlinge sind hell sandfarben bis mittelbraun, tragen oft noch den Schlafanzug, wie manche Jäger scherzhaft sagen, also das zumindest noch verwaschen gestreifte Jugendkleid. Stücke aber, die mindestens vorjährig sind und nicht gefrischt haben, und damit auch die Keiler und die Überläuferkeiler, zeigen Sommerborsten etwa im Braunton von Edelbitterschokolade. Über ihrer Schwarte liegt ein matter Glanz, wie er eine Qualitätsschokolade, so sie nicht in der Wärme aufbewahrt wurde, ebenfalls auszeichnet. Diese Faustregel ist leicht zu merken, aber das Dämmerlicht oder die Regennässe auf der Schwarte können den Jäger täuschen.

Es eilte nicht, dass ich zu der Wiesenbucht vorrückte, denn je mehr die Sonne den Tau verzehrte, desto wahrscheinlicher war, dass Rehwild im hohen, jetzt noch nasskühlen Gras zu ziehen begann. So setzte ich mich an eine Faulbaumstaude, in der unablässig der Zilpzalp den eintönigen Gesang heruntertickerte, der ihm seinen Namen gegeben hat. Es roch hier förmlich nach Sauen. Ich saß, wartete und schwelgte in Erinnerungen und spähte in die Lücken im lichtgrünen Hollundergestrüpp, das wild wuchernd den zur Aufforstung vorgesehenen Hügel zu erobern begann. Bedenkt man, dass vor dem radikalen Holzeinschlag, der mit der Eisenzeit begann, große Teile der schleswig-holsteinischen Geest, die feuchten flachen Au-Täler ausgenommen, mit Buchenwald bestockt waren, so verwundert es nicht, dass jetzt, da nach mühsamer Erst- (oder eigentlich Erneut-) Aufforstung wieder eine dünne Humusschicht entstanden ist, selbst im tiefen Schatten der Fichten und Kiefern die aufgepflanzten oder neuerdings auch in regelrechten Saatbeeten eingebrachten und daraus aufkeimenden Buchen sich empor kämpfen. Radikaler Holzeinschlag hat die Sanddünen der Geestlandschaft geschaffen, nicht die Eiszeiten. Der Holzeinschlag erfolgte vornehmlich für die Gewinnung von Brennholz zur Verhüttung der sogenannten Raseneisenerze, – das sind in Schleswig-Holstein häufiger vorkommende, nahe der Erdoberfläche liegende eisenhaltige Sandsteinschichten, – aber auch für den Hausbrand und zum Bau von Häusern und Stallungen. – Im Laufe der rund dreißig Jahre, die ich dort jagen darf, ist die Rückverwandlung in Laub- oder jedenfalls die Umwandelung in vielfältige Mischwälder unverkennbar vorangeschritten. Viel ließe sich darüber berichten, wie die Wildbestände sich unter dieser Entwicklung verändern. Jedenfalls profitieren die Rehe von der Rückverwandlung, denn ihnen ist die Durchsichtigkeit der Mischwälder weniger abträglich als dem großen Schalenwild, das sich bisweilen gern in bürstendichte Schonungen oder Naturverjüngungen des Nadelwaldes zurückziehen mag. Meisterhaft verstehen es die Rehe, in einer bogenförmig verlaufenden Fluchtstrecke dem Spaziergänger aus dem Weg gehend, rasch wieder in ihren Einstand zurück zu kehren.

Eines Tages hatte ich auf der Fahrt in ein Landstädtchen an der Peripherie des Kreisgebietes, wo ich einen zu meinen Berufsaufgaben gehörenden Sitzungstermin wahrzunehmen hatte, meinen kleinen Kirr-

Abstecher bereits am Morgen gemacht. Die Sitzung ging, seltenes Glück, wenn Kommunalpolitiker daran teilnehmen, viel früher zu Ende, als ich vermutet hatte. Auf der Rückfahrt durchkreuzte ich wieder den Forst und beschloss, auch wenn ich die Büchse nicht dabei hatte, aus einer plötzlichen Eingebung heraus, noch einmal zur Schneisenwiese hinein zu fahren. Einige Klötze lagen auf der Seite! Der Mais war weg, nur Krümel lagen noch dort. Sollte hier am Tage eine Sau kommen? Immerhin hatte in einer Jagdzeitschrift gestanden, dass jedenfalls in stadtnahen Wäldern die Mittagsstunde die angesagte Zeit für erfolgreiches Jagen sei. Die Spaziergänger und auch die Jäger säßen dann an ihren Arbeitsplätzen oder beim Mittagstisch, das Wild aber, das am Morgen von den Frühjoggern beizeiten in die Einstände getrieben worden sei, bummele ungestört im menschenfreien Wald herum. Abends dann lasse es sich Zeit mit dem Auswechseln, bis vollends die Dunkelheit ihren schützenden Mantel ausgebreitet habe, die Heerschar von Spaziergängern sich an die flimmernden Bildschirme ihrer Fernsehgeräte oder Computer zurück gezogen und auch die bis ins allerletzte Licht ausharrende Jägerschaft, wiewohl mit mächtigen Zielfernrohren ausgerüstet, schließlich aufgegeben habe und in ihren Geländewagen stadtwärts davongeschnurrt sei.

Beflügelt von solchen jagdstrategischen Hinweisen schlich ich mich zu Beginn der Mittagspause des folgenden Tages aus dem Büro, kirrte zunächst an der Dreieckswiese, – die Klötze lagen wieder auf der Seite, – dann andernorts, und hockte mich sodann bei taghellem Büchsenlicht auf die Dreieckswiesenleiter. Von der Chaussee scholl der Lärm der vorübersausenden Autos herüber, Türgeklapper und bisweilen sogar Lautfetzen von Menschenstimmen trug der Westwind vom Parkplatz heran. Kaum zu glauben, dass hier um diese Stunde Schwarzwild um die Wege sein sollte. Ich äugte nach allen Seiten in das himbeerunterwucherte Fichtenaltholz. Immerhin, dort drin lag Dämmerlicht, einzelne Horste dicht stehender Lärchen boten Deckung, und Menschenpfade führten durch diesen eintönigen, dunklen großen Waldkomplex nicht hindurch. Ohne weiteres hätte eine ganze Rotte Sauen dort stecken können, über ihren Gehör- und Geruchssinn wohl informiert, was rings um sie vorgeht und daher vor überraschend auftauchenden Zweibeinern recht wohl gesichert. Mit einem Mal sah ich aus den Augenwinkeln es rot aufblenden aus einer Richtung, in die ich am allerwenigsten geschaut hatte, nämlich vom Weg her, der von der Straße herabführte. Ruckenden Hauptes zog ein Damspießer heran, trat ungeniert wenige Schritte vor mir, der ich regungslos saß, in die besonnte Blöße und ließ seine doppellauscherhohen basthellen Spieße aufleuchten. Zielstrebig näherte er sich den Holzklötzen und stieß einen nach dem anderen mit dem Windfang um. So routiniert ging er diesem Geschäft nach, dass kein Zweifel herrschen konnte: Der vermutete Keiler war dieses Hirschlein! Zwar stand ein geringer Damhirsch auf meinem Plan, aber diesen hier, stark im Wildbret, glänzend im Haar, mit solchen langen, zudem auf dicken Knubben fußenden Spießen, auf die Decke zu legen, wenn die Schusszeit begann, wäre wirklich eine Sünde gewesen. – Ich wollte Sauen kirren, nicht Damwild! Also beschloss ich, den vorwitzigen Junghirsch zu vergrämen. Sonst würde er sich Tag für Tag an meinen für Andere bestimmten Gaben bedienen. Ich ließ mich, als er abgewandt stand, von der Leiter gleiten, was lautlos gelang. Dann trat ich ein paar Schritte beiseite, damit er nicht Menschenanwesenheit und Hochsitz miteinander in Verbindung bringe und in seinem Wildtiergehirn abspeichere, und redete den Maiskörner knackenden Burschen immer lauter werdend an, dass hier eine Saukirrung und diese für Damspießer verboten sei! Er warf auf, äugte mich mit malmenden Kiefern an, seine Lichter schienen immer größer, dann plötzlich schmaler zu werden, und schon sprang er in den damwildtypischen federnden Fluchten ab. – In der nächsten Zeit standen meine Kirrklötze aufrecht, und ich musste nur alle paar Tage den Platz nachbeschicken, wenn nämlich die Waldmäuse die Klötze unterminiert und sich am Mais gemästet hatten.

Allerlei Wild versucht, sich am ausgelegten Mais gütlich zu tun. Ein Freund hatte mich einmal eingeladen, in seinen Sommerurlaubstagen eine seiner Kirrungen zu bewachen, was bedeutete: schon ausreichend starke Frischlinge oder einzeln kommende Überläufer – gar nicht zu reden vom zudem freigegebenen Sommerkeiler – zu erlegen. Die »Jungs«, das waren zwei frisch gebackene Jäger, die sich ihre ersten Knopfböcke, Winterkitze und Herbstenten mit Revierarbeiten verdienten, hätten berichtet, jeden Tag seien am Wildacker in der Dreiecksdickung die Erdlöcher aufgewühlt, in denen sie auftragsgemäß den Mais zu vergraben pflegten. Jener Kirrplatz lag in einer feldnahen Fichtendickung, und ich war nicht sicher, dass jetzt, es war Ende Juni, die Sauen so regelmäßig eine Kirrung im Bestand aufsuchen würden. Ich vermutete sie eher draußen im Feld in den Getreideschlägen. So suchte ich, bevor ich mich einen langen Sommerabend in die an sich langweilige, erdschwarze Bestandslücke setzen würde, die angeblich vielbesuchte Kirrung auf. In der Tat stellte ich ein halbes Dutzend runder, tief aufgegrabener Trichter fest. Die Jungs waren am Morgen draußen gewesen, hatten darin sachgemäß den Mais tief eingescharrt und den Deckboden festgetreten. Ich beschloss, noch am gleichen Abend meine Chance zu nutzen und bezog die bequeme Ansitzhütte, die ganz nach des Jagdherrn Stil und Strategie, kunstvoll in die Jungfichten eingetarnt war. Zu meiner Überraschung erschien alsbald, ohne jede Scheu zielstrebig auf eines der Löcher zu, im schlanken Trab ein hochläufiger magerer Jungfuchs. Der schmächtige kleine Einzelgänger scharrte nach Leibeskräften; jedesmal, wenn er eines der gelben Körner freigelegt hatte, nahm er es mit spitzem Fang auf, schaute sich wie triumphierend um und zerknackte sodann seine Beute. Es klang dabei ein Geräusch zu mir herüber, wie es entsteht, wenn man ein Bonbon durchbeißt, um rasch an den geschmackhaltigen Kern der Süßigkeit zu kommen, statt ihn in geduldigem Genießen langsam aufzulutschen. Sollte der kleine Reinecke, der, wie aus seinem Verhalten zu schließen war, den Platz unzweifelhaft genau kannte, dieses Angebot der bequemen Wildernährung allein beherrschen und in nächtelanger Arbeit solche tiefen Löcher gegraben haben? Während ich noch darüber nachsann, huschte er mit einem Mal davon, nachdem er kurz ins dunkle Dickicht hinein geäugt hatte. Schon trollte von dort etwas Graues, Rundes heran! Strammer Frischling, wohl allein, fuhr mir durch den Kopf, und ich ergriff unter steigendem Puls den Stutzen. Da kam das Wild auf die Blöße und war – ein allerdings wirklich wohlgemästeter Dachs! Ein Freund hatte mir vor längerem berichtet, dass solche Kostgänger sogleich mit einer Kugel bestraft gehörten, weil der einmal angefütterte Dachs ansonsten jegliche Saukirrerei vereitle. Sein Appetit sei unermesslich. Nicht ein Korn ließe er den Sauen übrig. Habe er einmal den Futterplatz ausgemacht, so sei des Abends stets sein erster Gang vom Bau an die vom Jäger stets erneut gedeckte Tafel. – Es war gar nicht so abwegig, dass ich Meister Grimbart im ersten Wahrnehmen unter dem verdüsternden Sperricht der kahlen schwarzbrauen Fichtenunteräste für eine geringe Sau gehalten hatte. Das Gewicht eines guten Sommerfrischlings hatte der hier allemal. Grimbart war bestimmt nicht das erste Mal an dem Kirrplatz. Denn in gekonnter Technik begann er sogleich, mit seinen mächtigen Vorderbranten die Kirrlöcher auszugraben. Energiesparend ging er dabei jeweils kreiselnd rund ums Zentrum der Erdlöcher vor, eine ganze Zeit lang zeigte er mir somit sein emporragendes Hinterteil, dann hatte ich ihn spitz von vorn. Das war also der Kostgänger, dessen Wirken die jungen Jagdkameraden

K.P. Reif

einer ganzen Rotte Sauen zugeschrieben hatten! – Ich habe dem Dachs, damals ein seltenerer Anblick als heute, seinen Appetit nicht mit einer Kugel vergolten, – abgesehen davon, dass ich einen Verstoß gegen die Sommerschonzeit damit begangen hätte. Aber einen Verwarn-Hinweis benötigte er! So machte ich auf mich aufmerksam, indem ich die Melodie des »Jägers aus Kurpfalz« zu pfeifen begann. Da verschwand er mit einem grimmigen Aufschnauben. Offensichtlich hat er meinen überraschenden akustischen Hinweis Ernst genommen. Denn später berichteten die Jungjäger dem Jagdherrn, während seines Urlaubs, seit der Gast aus der Kreisstadt an der Kirrung gesessen habe, seien die Sauen ausgeblieben!

Der Rückweg von diesem verborgenen Ansitzplatz führte auf dem Uferdamm eines verfallenden Fischteiches entlang. Vorsichtig, dass ich nicht ausglitt und im Morast versank, tastete ich mich Schritt für Schritt voran, staksend wie ein junges durchs aufsprießende Korn ziehendes Reh, damit sich nicht die langhalmigen taunassen Gräser um meine Stiefel wickelten. Der aufziehende Sommermond warf ein mildes Licht auf die wie flüssiges Blei matt aufschimmernde Wasserfläche. Dunst waberte über den Teichen. In den weiten Wiesen jenseits des in dieses Idyll herauf führenden Feldweges »braute der Fuchs«. So beschreibt man hierzulande märchenhaft malerisch das Ziehen der Nebelschwaden. Warum heimfahren an einem solchen Sommerspätabend? Mein Vater hat mir in meinen Jungjägertagen erzählt, dass er in Schlesien manche Sommernacht draußen im Revier geschlafen habe, eingehüllt in den Lodenmantel, den er vorsorglich im Rucksack mitgeführt hatte, um sich den störenden Ausgang bei allererstem Morgengrauen in heimliche Revierecken zu ersparen. Bei Büchsenlicht war er dann in der Nähe des vor Ort bekannten oder von ihm in bewährter Weise durch die Pirschzeichen ausgemachten Rehbockes, ohne beim Hinpirschen im Halbdunkel ein Schreckkonzert der ortsansässigen Rehe ausgelöst zu haben. »Rechtzeitiges Kommen sichert gute Plätze!« pflegte er solche Taktik, die übrigens auch für den Abendansitz gilt und von ihm eingehalten wurde, prägnant zu umschreiben. Dieser Hinweis stand wohl früher auf Plakaten, die zu Theater- oder Kinovorstellungen einluden. – Er gilt im übrigen nicht nur für das Jagen, sondern auch für viele andere Situationen des beruflichen und privaten Lebens!

Wie ich so dastand und in die unter den ziehenden Nachtnebeln sich weithin erstreckenden Wiesen dieses entlegenen Revierortes hinschaute, dessen nächstgelegene ländliche Siedlung den verheißungsvollen Namen Vosshöhlen trägt, und den Duft von Moorblänken und Heuwiesen in mich einsog, wurde mir ein besonderer Anblick zuteil, wie ich ihn in dieser Intensität niemals wieder erleben durfte: Als seien sie von abertausenden filigranen Neonröhrchen matt erleuchtet, schimmerten die Grasbänder rund um den Moorteich auf. Unzählige kleinste Leuchtinsekten mussten sich dort zusammen gefunden haben. Trat ich näher, im langsamen Voranstreifen gegen den Feldweg hin, so erlosch die wundersame Illumination. So wurde mein Fuchs-Dachs-Juniabend ohne Sau zu einem einzigartigen beglückenden Erlebnis, und ich danke den jungen Jagdkollegen noch heute für ihre Fehldiagnose. In derartigen Augenblicken ganz außergewöhnlichen Naturerlebens, von denen es für den Aufmerksamen, den mit offenem Herzen durchs Revier Strebenden, im Jahr des Jägers so manche gibt, bin ich besonders zufrieden damit, dass ich die Passion zu jagen – und auch zu fischen – in mir trage und ausleben darf. Welcher Anlass sonst könnte einen Stadtmenschen zu solchen Stunden, Wetterlagen und Lichtverhältnissen hinaus in die geheimen Winkel unserer Felder und Wälder gelotst haben?

Aber zurück zu jenem Junifrühmorgen, den zu beschreiben ich diese Schilderung begonnen hatte. Auf dem vergrasten Geleis des Moorweges ging es sich leise. Behutsam strebte ich der schon grasgrün vom Wegschluss heraufleuchtenden Wiesenfläche zu. Einzelne Frühdunstschwaden wehten malerisch, wie von einem Bühnenregisseur mit der Nebelmaschine inszeniert, über den Brombeerhorsten und der Wegtrasse. Ich hatte Zeit, der Morgen war lang. Das ist der Segen dieser Sommermorgen: Das Wild hat es nicht eilig, der Jäger muss es nicht eilig haben. Schritt für Schritt tastete ich mich voran, den Moorrand zur Rechten, die Brombeerbüsche zur Linken im Auge. Da geschah es: Schwarz und rund und durchaus mächtig wirkend schob sich eine Sau zwischen den Brombeeren unter einem Holunder hindurch, querte blasend und pürzelschwenkend jetzt moorwärts eine Freistelle. Ich gewahrte die Keilerchenfigur und vor allem den Pinsel, nahm den Drilling von der Schulter und spannte lautlos das Kugelschloss. Jetzt wuchtelten die Brennesselstauden gute sechzig Meter vor mir, und schon trollte die Sau zügig auf den Weg. Wunderbar schwang das alte gewichtige Gewehr mit! Als die Sau in der rechten Fahrspur auftauchte gellte der Schuss aus dem feinen sechseinhalbmillimetrigen Kugellauf in dass Vogelgezwitscher und das Sirren der Insekten. Die Sau überschlug sich in den Wegrand hinein, dort schwankten die Brennnesseln noch einige Augenblicke lang, während sich ein schwarzer Hinterlauf in das rechte Weggeleis hinein streckte. Ich lud mechanisch aus dem am Zielfernrohr befestigten ledernen Beisteckmagazin nach und lief ein paar Schritte näher. Lange stand ich im Halbanschlag; es herrschte Stille, die Natur schwieg nach dem Aufgellen des Schusses. Dann setzten die Rufe der Ringeltauben wieder ein, ein Kuckuck schwirrte vorbei, der Zilpzalp aus dem Faulbaumbusch am Moorrand tickte wieder seinen eintönigen Singsang. Schließlich trat ich heran. Ein Fünfzig-Kilo-Überläufer lag in den über ihm schon wieder sich zusammenschließenden sommerüppigen Stauden; das Mal der Kugel saß tief auf dem Blatt.

Jetzt würde ich die rote Arbeit verrichten, im braunen Moorwasser die Hände und das Messer waschen, das Fahrzeug heranholen, das Wild hinüber in die kühle Kammer am Hof transportieren, am Rande der Rückfahrt den Schweiß der frühen Arbeit im nahen See vom Körper spülen. Ohne Hast konnte all dies geschehen, und tatsächlich: Es blieb noch Zeit für ein Ruhestündchen auf dem knappgeschorenen weichen Rasen am Seeufer. Eben traten staksig, noch schlaftrunken und durch die silberglatte Wasserfläche des Sees geblendet, vom Campingplatz her die ersten Badegäste herüber. Ins Himmelblau schauend konnte ich neue Pläne schmieden, vielleicht gar für den Abend dieses Tages oder die nächsten Morgen; lange Junitage lagen noch vor mir.

magisch war die Erscheinung des Wildes. Die älteren Hirsche des Rudels hatten ihre Geweihe bereits gefegt und die Stangen braun verschlagen, die mittelalten trugen ihre frisch gefegte Wehr in leuchtend hellem Walnussschalenbraun. Aber die langen, dicken Stangen dieses Hirsches umgab noch vollständig ihre Basthülle. Seit geraumer Zeit musste der Bast vertrocknet sein, denn er hatte eine samtweiße Farbe angenommen. Im Zwielicht der hereinfallenden Dämmerung leuchteten die Stangen als hätten sie eine eigene Strahlungskraft. So mag, fiel mir ein, das Geweih des Hubertushirsches ausgesehen haben. Endlich senkte der Hirsch das Haupt wieder und äste mit ruckenden Bewegungen voran. Der stärkste Hirsch des Rudels, mit schon dunkelbraun verschlagenem Geweih, zeigte zweiundzwanzig Enden. Schwer trug er das mächtige Geweih mit den aufschwingenden Wolfssprossen, deren Spitzen sich gabelten, so dass das ganze Geweih nur aus mächtigen Kronen zu bestehen schien. Aber der alte, der mich eräugt, oder jedenfalls erahnt hatte, faszinierte mich viel mehr. Ich sah auf den Aalstrich und die sommerkarge Mähne des muskulösen, aber nicht starken Halses herab, und auf den breiten Rücken. Der Hirsch war nicht der stärkste im Rudel, sicher nie ein besonders mächtiger Hirsch gewesen. Doch die Wucht des Vorderrumpfes beeindruckte. Die kahl wirkenden Stangen zeigten auf der rechten Seite die Dreierkrone, auf der linken eine lange Gabel. Ein ungerader Zwölfer also war es. Der Starke mit dem mächtigen Geweih mochte jetzt in der Hochfeiste 200 kg wiegen, und das Geweih, das sicher sein elftes oder zwölftes war, konnte sich der Zehn-Kilo-Marke nähern; dieser hier aber war womöglich älter, jedoch von geringerer Figur und bei weitem nicht so schwer. Mehr und mehr festigte sich in mir die Erkenntnis, dass dieses ein Wild jenseits der Reife sei, vor dem Eintritt ins wirkliche Alter.

Ich musterte auch die anderen Hirsche, noch ein vielendiger Kronenhirsch mit allerdings nur einem langen gegabelten Wolfsspross war darunter, dann ein Kronenzwölfer, der längst verschlagen hatte, mit weit ausladenden, dann kranzrund, aber nicht zu eng zusammenschwingenden Stangen, mehrere Kronenzehner mit stumpfen, langendigen Geweihen, junge Hirsche. Und jetzt zog gar ein Achter hinter dem Rudel über die Schneise, mit langem dünnem Hals, eine ganze Gewichtsklasse geringer als die übrigen seiner Kameraden. Den durfte ich strecken, wenn der August kam. Aber wären wir anderthalb Wochen weiter im Kalender gewesen, hätte ich mich dazu hinreißen lassen, scharf am Rudel vorbei, fast über die anderen hinweg, auf diesen zu schießen? Wohin, ging mir durch den Kopf, würden die anderen entfliehen in dieser von Straßen durchzogenen Landschaft?

Mehr und mehr verloren die Hirschrümpfe ihre rotbraune Farbe, verschwammen mit dem jetzt dunkelgrau anmutenden Waldgras, den düsterbraunen Stubben und Stämmen. Schließlich schlossen sich wippend die langen Seitenarme der Kiefern hinter den Keulen des letzten Hirsches. Noch ein Knacken, dann Stille. Der Edelmarder huschte in Wellenbewegung über den Weg. Ich glitt von meinem Leitersitz und schritt rasch auf lautlosen Sohlen dem Hauptweg zu. Nur das Rudel nicht vergrämen! In den nächsten Wochen würde es sich auflösen. Vielleicht begegnete ich den Hirschen dann einzeln oder in kleinen Trupps wieder, vielleicht gar dem Achter?

So recht dunkel mochte es nicht werden. Lang währte die Stunde zwischen Tag und Nacht. Motten schwirrten, Fledermäuse wuchtelten zwischen den Kronen der Nadelbäume über dem Weg. Ein schwacher Lichtschimmer blieb über dem Wald, der spätsommerverzaubert lautlos, regungslos stand. Einen Hauch Kühlung verspürte ich mit einem Mal, und über dem Weg schwamm jetzt ein Dunstschleier, der an den Altweibersommer, an den Herbst erinnerte.

Einige der Hirsche sind mir im Laufe des Herbstes und in den Folgejahren wieder begegnet, allerdings der alte ungerade Kronenzwölfer nicht, und – der Leser wird es erahnen – auch der Achter nicht. Dieser Revierwinkel grenzt an weitläufige Feldreviere mit eingesprengten Aufforstungen und undurchdringlichen Mooren in der Auenniederung. Wieder und wieder zieht das Rotwild dort hinaus, im Herbst, um im Moor unter offenem Himmel zu brunften, im Winter auf der Suche nach Äsung auf den Feldern. Auf den Wechseln dorthin muss es an vielen Hochsitzen und Ansitzlöchern vorbei, und der Hamburger Himmel macht es den Feldjägern leichter als den Waldjägern, die Nächte zur Jagd zu nutzen. So konnte es nicht ausbleiben, dass schließlich das Geweih des stärksten aus der sommerlichen Hirschkorona, mit den steil aufragenden Stangen und den die Kronen fast überragenden Wolfsprossen im nächsten Jahr auf der Trophäenschau mit einer glänzenden goldfarbenen Plakette versehen wurde, und das Jahr darauf sein Nachfolger, auch dieser vom Typ der Steilstangigen mit den imponierenden Wolfssprossen, ihm auf diesem Ehrenplatz folgte. Aber nicht alle Geheimnisse gibt der Forst Preis, mag er auch noch so klar gegliedert, für die mechanische Holzernte vom Harvestor aus vorbereitet sein. Zu groß hat kluges Försterdenken die Jagen

K.-P. Reif

zugeschnitten, zu einfallsreich ist die Natur und schafft mit reichem Kiefernnachwuchs und wuchernden Lärchenhorsten immer wieder heimliche Winkel, in denen sich ein Hirsch und manchmal sogar ein ganzes Rudel Geweihter auf kleiner Grundfläche verstecken kann.

Das Jägervolk in diesem Eck des Landkreises redet von dem »mit den großen Füßen«, von der beeindruckenden tief eingedrückten einsamen Hirschfährte. Keiner weiß, woher der Hirsch kommt, nur die Rückfährte steht, mit den Jahren immer seltener, wie aus einem Buch mit sieben Siegeln herauskopiert, gelegentlich waldzu. – Dieser Hirsch muss uns alle, die wir dort jagen, unsere Witterung, unsere Fahrzeuge kennen. So mag er mit seinem Hirschinstinkt auch unsere Gewohnheiten und Pläne erfassen und es ihm nicht allzu schwer fallen, hirschgefährlichen Strategien aus dem Wege zu gehen. Von mir scheint er wohl zu wissen, dass ich kaum Platz hätte, seine mächtige Trophäe an die Wand zu hängen, noch die Lücke auf meinem Konto verschmerzen könnte, die der für seine Erlegung fällig werdende erhebliche Gebührenbetrag reißen würde.

Eines Herbsttages im nächsten Jahr, rollte ich der Saukirrung zu, um im Durchfahren zu einem beruflichen Termin schnell zu kontrollieren, ob ich Grund haben würde, während der zu erwartenden stundenlangen Sitzung mich hin und wieder einmal voraus zu träumen in die guten Mondnächte, die mit dem Wochenende beginnen würden. Aus den Augenwinkeln nahm ich zwischen den dichtstehenden Fichten in Übermannshöhe ein helles glänzendes Objekt war. Das von vielen Pirschen geübte Jäger-Gehirn meldete: das ist kein Ast, kein Holz! Ich hob das Glas vom Beifahrersitz und spekulierte in den dichtstehenden Bestand. Was ich erschaut hatte, war der obere Teile einer Damhirschschaufel. Wie die aufgefächerten Finger einer Hand ragten vier Enden aus dem Schaufelende. Den Rest des Geweihes und auch seinen Träger verbarg ein dichter Fichtenhorst, in den sich das Wild eingeschoben hatte. Jedes einstandstreue Wild dort herum kannte mein unjagdlich leuchtend blaues Auto, eine Zufallserwerbung, und sicher auch sein Motorengeräusch. Die stärkeren Geweihträger wussten, dass von diesem Auto noch nie Gefahr ausgegangen war. So war es nicht verwunderlich, dass der Hirsch einfach stehen blieb. Ich schaute mir, es waren kaum achtzig Meter dort hinüber, die Augen nach dem Rumpf aus. Irgendwo musste doch die damwildtypische helle Bauchlinie durchschimmern! Da schien sich das ganze Gesträuch in Bewegung zu setzen und was in die Lücke zwischen zwei Fichtenhorsten trat, war ein mächtiger Rothirsch mit weit ausladendem kreisrund aufschwingendem Geweih. Die Schaufelkrone der rechten Stange wandte sich gleich einer geöffneten, einwärts gedrehten Hand rückwärts. Der Hirsch zog schweren Rumpfes weiter, verhakte sich im Geficht, schlug ärgerlich mit dem Haupt hin und her, kam dadurch frei und verschwand mir aus dem Fernglasrund. Ich legte mich an der nächsten Schneise vor, und als ich gerade meinte, er sei schneller als ich gewesen und schon vor mir durchgezogen, trat er gemessenen Schrittes unter dem Schirm einer Altkiefer ins Freie, genau an der engsten Stelle der langen Schneise. Ein Jagdzeitungsbild war es, wie er in voller Rumpfeslänge, die Schneisenbreite ausfüllend, neben dem kupferbraunen Kiefernstamm verhoffte. Ohne jeden Argwohn schaute er mir, so mutete es mir an, der ich ihn aus zehnfach vergrößernden Linsen betrachtete, mitten ins Gesicht. »Muss das sein, dass man mich, einen alten, nach der Brunft so müden Herrn hier in diesem Waldwinkel stört?« Ich habe das Glück gehabt, einige starke Hirsche in meinem Jägerleben zu sehen. Dieser gehörte an die Spitze der gedanklichen Liste meiner Beobachtungen.

Ich machte mich davon, beschickte meine Saukirrung und beschloss, den Revierwinkel im Auge zu behalten. Es war der Hirsch mit dem rund aufschwingenden Geweih aus dem Sommerrudel, das mir damals bei gutem Licht so nahe gekommen war. Er hatte als einziger diese eigenwillig tonnenförmig und zugleich sehr weit ausschwingenden Stangen getragen, ein für diese Region eher ungewöhnlicher Geweihtyp. Nun war er zum Haupthirsch heran gereift.

Bald warf es Schnee, und ich fährtete am zweiten Tag nach der Neuen ab. Am ersten Morgen nach dem ersten Neuschnee des Jahres kann man sich diesen Aufwand sparen. Beunruhigt von der überraschenden Helligkeit und den so andersartigen Geräuschen in der frischen Winterlandschaft bleibt das Hochwild in den Einständen. Nur Rehfährten und Hasen- und Fuchsspuren wird der Jäger finden. Aber in der nächsten Nacht zieht auch das Hochwild, nun an die winterliche Kulisse gewöhnt, wieder seiner Wechsel. – Die feldnächste Schneise war, weil von mageren Stangenhölzern umgeben, aus Jägersicht eigentlich uninteressant, aber ich fuhr sie, von langen Wegen im Schnee fußlahm geworden, mit dem Wagen doch noch ab. Stören konnte das hier keinesfalls, wo täglich dutzende Spaziergänger ihre Autos abstellten, bevor sie mit Kind, Hund, Schlitten oder Mountainbike sich der Walderholung hingaben. Der Allradantrieb zog meine kleine Limousine schnurrend über die Schneedecke dahin, da kreuzte ich eine querbeet vom Feld hereinkommende Doppelspur. Ich hielt an, beschaute ein eigenwilliges Fährtenbild: Neben Gummistiefelabdrücken stand in den glänzenden Schneekristallen eine sehr starke Hirschfährte. Sie führte aus der chausseenahen unscheinbaren Ecke des Randjagens in Richtung auf die tiefe Mitte des Forstes. Bis hindurch auf die sandbraunen Hartgräser unter der Schneedecke hatten sich die Schalenabdrücke eingestanzt. Die Außenkante der einzelnen Abdrücke war tiefer eingeprägt, als müsste der Hirsch sich gegen sein ihn auswärts drückendes eigenes Gewicht stemmen, ein Merkmal der Fährte eines alten und wirklich schweren Hirsches. Die derben Stiefelabdrücke führten neben der Hirschfährte in die gleiche Richtung. Ich folgte dem ungleichen Fährtenpaar eine ganze Weile und konnte feststellen, dass der unbekannte Abfährter eifrig ausschreitend wirklich durch Dick und Dünn dem Hirsch gefolgt war. Ich umschlug diese und die nächste Abteilung und da schließlich stand die Hirschfährte allein. Gleichmäßigen langsamen nicht zu weit ausgreifenden Schrittes war »der mit den großen Füßen« dem Waldinneren zu gezogen. Wer war der Fremde, der sich für diesen Hirsch interessierte? Ein unerfahrener Stangensucher, der nicht wusste, dass es bis zum Abwerfen noch vier Monate dauern würde? Oder wollte einer der Nachbarn sich ein Bild machen von den Tagesgewohnheiten und Nachtwechseln des Großen, vielleicht gar ihn in Anblick bekommen, um ihn im Zwielicht der Ansitznächte draußen im Feld an der Stangenform leichter wieder erkennen zu können?

Inzwischen ist wieder ein Jagdjahr vorüber, und bisweilen findet das kundige Auge die einzeln stehende, tief eingedrückte mächtige Hirschfährte. Sie verleiht Nachricht davon, dass auch der gepflegte Forst Geheimnisse birgt. Weg vom Juli bin ich im Erzählen der Zusammenhänge hinein geschwenkt tief in des Jägers Jahr, bis hinein in die Wintermonate. Dies geschah nicht ohne Grund: Wer im Sommer unter dem guten Licht der langen Abende sein Wild, ganz besonders die Hirsche, anspricht, wird es im Herbst und Winter es leichter haben, die Gesuchten wieder zu erkennen. Ein bekanntes Stück zu erlegen, bedeutet dann aber auch, Abschied zu nehmen von der Hoffnung, ihm wieder und wieder im Revier begegnen zu können. – Ein Jagdfreund hatte die Lust zur Jagd auf den Rehbock fast völlig verloren und streckte allenfalls einen geringen Kümmerer oder einen Kranken. Eher tat er schon einmal mit bei einem kleinen Riegeln auf die Sprünge der Winterrehe, die ich aus den weiten Wiesen heraus an die Randgehölze zu lancieren versuchte, wo die Schützen sich vorstellten. Eine solche Aktion gelang nur selten, und nur, wenn ich sehr weit ausholte und wie ein zufällig daher kommender Angler oder Landwirt hin und her, vor und zurück gehend, als sei ich an den Rehen nicht im Geringsten interessiert, zu Werke ging und mich ganz behutsam dem Wild näher tastete. In einer kleinen halben Stunde, in der man vielleicht eine Dickung für die rasch vorgestellten Schützen durchgehen kann, war ein solcher Riegler nicht getan. Der Freund sagte mir, mit den Jahren sei es ihm immer schwerer gefallen, einen der im Revier bekannten Böcke zu erlegen; ein wenig von unziemlicher Hinterlist gegenüber einem guten Bekannten schwinge dabei für ihn mit. Bei den gleichförmig aussehenden Winterrehen und vor allem bei den Sauen gehe es ihm anders: Ein Überläufer gleiche schließlich dem anderen, und die Sauen streiften weit herum; eine individuelle Jäger-Wild-Bekanntschaft gebe es da nicht. – Heute wissen wir, dass die Sauen im Allgemeinen nicht weiter herumziehen als das Rotkahlwild, in einem Areal von gut hundert bis etwa vierhundertfünfzig Hektar. Solche Streifgebiete entsprechen den durchschnittlichen Reviergrößen. Es begegnet der im Hochwildrevier aktive Jäger also sehr wohl immer wieder den gleichen Stücken, und mit ein bisschen Liebe zum Detail kann man auch manches Stück Kahlwild, manche Sau wieder erkennen.

Ich hatte, wenn auch nur an Hand des unverkennbaren Fährtenbildes, eine Bekanntschaft mit einem Keiler gemacht und brannte darauf, zu enträtseln, wie er seine Wechsel wählte. Denn das war Voraussetzung, ihn zu erlegen. Der besondere Reiz des Unterfangens bestand darin, dass in dem Wald, eigentlich war es ein größeres vielfältiges Feldgehölz von etwas mehr als Eigenjagdgröße, noch nie eine Sau erlegt worden war. Ich selbst war damals alles andere als ein Saujagdexperte, – und bin es auch heute noch nicht. Aber die vielen ausgegrabenen Stubben zeugten davon, dass des Nachts die Sauen ihr nächtliches Unwesen in diesem Wald trieben. Eigentlich ist es ja gar kein Un-Wesen, sondern eine nützliche Tätigkeit, wenn die Sauen die Mäusenester ausheben und zugleich für die Eichel- und Buchensaat durch das Lockern des Bodens und Bloßlegen der Humusschicht das Beet schaffen. Die Sau-Arbeiten waren nach dem ganzen Erscheinungsbild teils schon vom Vorjahr, womöglich noch älter, teils aber ganz aktuellen Datums. Mehrfach bestaunte ich auch neben den tief eingefurchten Morastlunken in den alten Holzabfuhrwegen von schwarzem Schlamm glänzende Fichtenstämme. Kurz vor mir mussten die Sauen sich gesuhlt und ihre Schwarte an den Stämmen geschubbert haben! Wo steckten sie bloß? Mit bereiter Büchse pirschte ich durch den lichten Frühlingswald, später durch den tiefverschatteten Sommerwald. Hin und wieder standen im Gebräch frische Fährten; ich studierte sie und kam zu dem Schluss, dass alle diese aufwändigen Waldarbeiten von ein und derselben Sau ausgeführt wurden und keinesfalls eine ganze Rotte dort ihren Einstand genommen hatte. Die Sau musste, das schloss ich aus den einzelnen Schalenabdrücken, von erheblicher Stärke sein. Saß ich auf den Schneisen und vergrasten Wegen, – Waldwiesen gab es nicht, – auf die mir großzügig freigegebenen Rehböcke an, – der Revierverwalter hatte von Anfang an betont, er wünsche nicht, dass ich die Gehörne etwa erlegter Böcke ihm vorweise, – dann setzte allabendlich ein Schreckkonzert der Rehe ein, wenn die neunte Stunde vorüber war. Die Uhr hätte man danach stellen können. Das Schrecken der Rehe ließ mich zweierlei Schlüsse ziehen: Die Sau verließ um diese Abendstunde ihren Tageseinstand, und sie wechselte dann nicht etwa den ringsum lockenden Feldern zu, nein, sie durchstöberte den Wald. Es war eine Waldsau, wenn man analog zum Waldreh oder Waldbock, die niemals den Wald verlassen, diesen Begriff prägen darf. Der weitere Schluss war: Es gab jede Menge Rehwild, auch wenn ich an manchen Abend keine rote Decke sah. Bei allem Wild, das sich im weg- und wiesenlosen Wald seine Äsung und seine Ruheplätze sucht, ist es ja so, dass es Wechsel kaum je regelmäßig hält. Rot- und Damwild durchstreift in solchen Revierlagen jeden Tag einen anderen Abschnitt seines Gesamteinstandsraumes, als wollte es ihn gleichmäßig, – nennen wir es unjägerisch einmal so, – abweiden. In solchen Revieren hilft nur Sitzfleisch, stets auf den Wind zu achten und zu versuchen, doch den einen oder anderen Winkel ausfindig zu machen, den das Wild bevorzugt. Wo die Fegestellen der Böcke blenden, die Rehbetten sich aneinander reihen, trifft man mit einiger Geduld auch das begehrte Wild. Irgendein vielverbissener Himbeerverhau, ein besonnter Randstreifen hat es vielleicht den großen Hirscharten angetan. Und die Sauen? Sie lieben Eichenbestände. Dort suchen sie nach jeder liegen gebliebenen oder schon wieder neu gefallenen Eichel, aber wohl auch nach tierischem Eiweiß, nach allerlei Würmern und Larven unter der Laubschicht.

Es gab in der Waldesmitte eine schon dermaßen gut aufgewachsene Eichenkultur, dass man, in gebückter Pirschhaltung an ihrem Rand entlang schleichend, in die Reihen hinein sehen konnte. Die Eichen waren nicht so dicht gesetzt worden, wie es heute Mode geworden ist, damit die Stämme schnell und astfrei in die Höhe streben. Jene Eichen waren auf

Abstand gepflanzt und nicht aufgeastet worden. Die Randbäume trugen, wenn auch schütter, bereits erste Eicheln. Unter den Baldachinen des flirrenden Laubes wuchs hellgrünes Waldgras, durchsetzt von einzelnen dürrlaubbraunen Partien, in denen die dicke Blätterstreu die Bodenvegetation unterdrückte. Gebrächfurchen, die sich in solche Passagen hineinzogen, bewiesen, dass die Sau ein Faible für diese Eichenkultur hatte. Womöglich war sie gar dort, als der Zaun noch stand, gefrischt worden? Sauen lieben es, sich in gegatterte Dickungen einzuschieben, weil sie sich dort vor überraschend auftauchenden Menschen sicher fühlen. Mit der Kraft ihrer Nackenmuskulatur heben sie den Zaun an, wenn sich nur ein winziges Loch zum Einschieben des Wurfes findet. Ein Knirschen, ein Quietschen, schon ist die Eingangspforte in ein heimliches, gegen Einblick und Zutritt der Zweibeiner abgeschirmtes Sauen-Wohnquartier geschaffen. – Auch die Rothirsche begegneten mir, als ich wieder einmal an dem Rand der längst aufgelassenen Eichenkultur entlang schlich. Ein solcher Pirschgang kam nur in Betracht, wenn der Wind aus dem Bestand zu mir herüber wehte. Diese Abende galt es zu nutzen. Auch mich zog die Eichenkultur magisch an. Hier, so sagte mein Jagdinstinkt, würde ich eines Tages Sauenanblick haben. Die für meine Pirschen notwendige Taktik hatte ihren eigenen Charakter: An jeder Pflanzreihe verhielt ich, ging ein wenig in die Knie oder gar in die Hocke und schaute dann die grünen Tunnel entlang. So arbeitete ich mich behutsam voran. Diese Strategie der Jagd-Gymnastik führte eines Spätjuniabends bereits um die achte Stunde zu einem mich völlig überraschenden, atemverschlagenden Anblick: das Haupt und den Vorschlag einer Sau schoben sich in die gerade unter Kontrolle genommene Sichtschneise! Statt angesichts des dreieckigen Hauptes und des mächtigen Vorschlages mich an das nächste Eichenstämmchen heran zuziehen und in der Anschlagsform kniend angestrichen flugs meine Kugel hinüber zu senden, ließ ich mir allerlei Überlegungen durch den Kopf gehen, ob das Stück womöglich eine Bache sein könnte. Ich lehnte das Gewehr weg und griff zum Fernglas, erfasste eben noch den kräftigen Wildkörper, dann war die Sau fort. Ob sie mich überhaupt wahrgenommen hatte? Vielleicht hatte sie verschwommen meine Bewegung hinter dem natürlichen Tarnnetz der herabhängenden Blätter und aufsprießenden Gräser eräugt und mich für einen der Hirsche gehalten, die ihr genauso wie mir begegnet sein mussten. Jedenfalls war von einer abpolternden Flucht nichts zu vernehmen. Ich rutschte, nunmehr zum Schuss bereit, auf die nächste, die übernächste Sichtschneise vor.

Aber eine ziehende Sau ist unglaublich schnell, von der pirschenden Sohle des Jägers keinesfalls einzuholen. Auf der Heimfahrt schalt ich mich einen Zauderer.

Immer wieder waren in der Folgezeit die dürrlaubfarbigen Streupartien unter den Eichen von dunkelbraun hervorstechenden Längsfurchen durchzogen. Die Sau war also noch da, arbeitete Stück für Stück auf der Suche nach Fraß ihre Lieblingskultur durch. Auch frisch ausgegrabene Stubben im anschließenden Altholz wiesen auf ihre Einstandstreue hin, der mulmig-frische Erdauswurf stach anthrazitgrau aus dem Braun und Grün des Waldbodens hervor. Rechtzeitig vor dem Julimond, der mit den letzten hellen Mittsommernächten nach dem Johannitag zusammen fiel, ließ ich einen kleinen Ansitzwagen herrichten, und zog ihn, – es gab dabei einige gefährlich knirschende Aufsetzer des Wagenbodens, – in die tief gelegene Randschneise der Eichenkultur. Jeder halbwegs erfahrene Nachtansitzjäger weiß, dass der Hochsommermond zum Nachtjagen nicht oder jedenfalls nur während ganz weniger Nächte taugt. Zu weit steht der Erdtrabant entfernt, um ausreichend Silberlicht für gerechtes Jagen über Feld und Flur zu werfen. Aber ich vertraute auf die Lichtunterstützung vom illuminierten Himmel über der nicht fernen Landstadt. In der Tat arbeiteten die ins ungewisse milchige Nachtlicht sich eingewöhnenden Augen beim Schauen durchs Fernglas einzelne Stämme und die groben Steine in der Mittelpflanzlinie der Kultur heraus. Nur dorthin stand ein Fenster des Hüttchens offen, dass kein Seitenlicht irritierend einfallen, kein Hauch der Nachtluft kreiselnd hinaus schlagen könne. Ich saß regungslos, sog den Duft nach trocknendem Gras ein und konzentrierte mich auf die Laute der Mondnacht. Auf einmal war da glucksendes, dann ein polterndes Geräusch neben mir! Hätte das Seitenfenster offen gestanden, so hätte ich dort hinaus – so das Fährtenbild später – im Randstreifen auf sechzig Meter die fleißig Grassoden umschichtende Sau in Anblick gehabt. Schließlich verstummten die Geräusche. Unter immer wieder zufallenden Lidern starrten die ermüdeten Augen die Mittelschneise entlang. Sollte ich aufgeben? Doch warum nicht hier draußen, in der wohlig-warmen Nacht unter dem Dach der Jägerhütte, ein Weilchen schlummern? Da schob sich ein großer Schatten ins Gesichtsfeld! Durchs Fernglas sah ich das Haupt und den Vorschlag der Sau, griff zum Stutzen. Nach einigem Visieren stand das Fadenkreuz auf der mattsilbern aufschimmernden Schwarte. Wunderbar, dieses Gewehr, bei dem es kaum Rückstoß und kein Mündungsfeuer gibt. Doch auf den Schuss geschah nichts! Der Schatten blieb an seinem Platz! Ich hatte sogleich repetiert, nahm das Fernglas. Die Sau war noch dort! Aber sie regte sich nicht! Nach einer Weile enträtselte sich das im Nachtdunst schwimmende Bild: Die Sau lag, wo ich sie beschossen hatte, auf der Seite! Jetzt griff ich zur Taschenlampe, ging hin. Jubel überkam mich, ich hatte den Keiler überlistet, indem ich seine Gewohnheiten studiert und mich, wie die Alten sagten, »an seine Fährte geheftet« hatte.

Auf den Boden der Tatsachen zurück führte mich jäh die Aufgabe, meine Beute heraus zu schaffen. An Ziehen von Hand war überhaupt nicht zu denken. Schließlich gehöre ich, trotz schlesischer Vorfahren, nicht zur Verwandtschaft des Rübezahl. Aber über Nacht konnte das Wild nicht liegen blieben; die langwierig errungene Beute durfte nicht verhitzen! Aufgebrochen ist jedes Stück leichter, – das ist eine alte Jägerweisheit. Ich rangierte das Auto, unter erneuter Bodenberührung, so heran, dass die Scheinwerfer die Tunnelschneise entlang leuchteten, klemmte zusätzlich meine Taschenlampe in eine Eichengabel und richtete den Lichtkegel auf das Wild. Das Aufbrechen gelang. Doch auch danach war das Stück zu schwer, ich konnte es nicht ziehen. Schließlich knüpfte ich mein Bergeseil und das Abschleppseil aus dem Fahrzeugzubehör zusammen, lenkte das so entstandene lange Tau um eine Randeiche und befestigte es dann am Haken der Anhängerkupplung des Fahrzeuges. In seinem Schlepp glitt sodann die Sau auf die Seitenlinie. Nun entknotete ich meine Hilfskonstruktion wieder, rangierte den Wagen rückwärts auf Tuchfühlung an den Schwarzkittel heran, setzte das Wild auf seine eingeknickten Läufe und umarmte es, mich darüber stellend, hinter den Vorderläufen. Jetzt knirschte es zwischen meinen Rückenwirbeln, aber immerhin: der Keiler saß in der Kofferraumöffnung. Nach einigem Nachschieben hatte ich tatsächlich meine Beute verladen. Nun wurde mir die Luft knapp! Lange atmete ich in tiefen Zügen die würzig-kühle Waldesluft ein, ehe ich mich ans Steuer wagte. In den Zeitungen liest man hin und wieder davon, dass ein Keiler einen Jäger hingerichtet hat. Eine Schlagzeile »Herzinfarkt vor Jagdglück« – oder eine ähnliche Notiz im Kreisblatt sollte es nicht geben! Endlich hatte ich mich gesammelt und schrammte über die unebene Waldtrasse hinaus zur Chaussee. Richtiger Stolz überkam mich erst, als beim Kühlraum mit leisem Schnurren des Windenmotors der Keiler am Stahlseil aus meinem Wagen heraus und am Wildgalgen hinauf glitt, bis er schließlich, zu voller, beeindruckender Länge sich streckend, dort hing. – Am anderen Morgen saß mir ein ziemlicher Kater im Nacken, obwohl nicht ein Tropfen Alkohol, vielmehr nur literweise Wasser auf meine Sommernachttat geflossen war. Alle möglichen Muskeln schmerzten, als hätte ich unvorbereitet an einem Zehnkampf teilnehmen müssen. Da klingelte das Telefon. Der Wildhändler, zugleich neidloser, sich stets mitbegeisternder Jagdfreund, meldete sich: »Mensch Doktor, ein Sommerschwein, – und was für eins!« Ich höre noch seine Stimme. – Hätte ich doch heute die Kräfte jener Tage! Aber: die Erinnerung lebt, und mit ihr die Dankbarkeit, – Dankbarkeit für eine ganz besondere Juli-Waldnacht unter dem Sternenhimmel des Jägerlebens.

Augustsommertage – Erntetage auch des Jägers

Mein allererstes Jagderlebnis ist eine Hirschbegegnung, eine Begegnung mit Damhirschen. Vielleicht ist sie der Schlüssel zu meiner Jagdpassion. Wir verbrachten die Ferien in einem kleinen Dorf an der Ostsee, das sich heute Seebad nennt. Aber es lockten dort nicht nur Sonne, Sand und Meer. Im Hinterland, in der ostholsteinischen Schweiz, zogen Hirsche mit mächtigen Schaufelgeweihen durch die reifenden Kornfelder. Mit ihnen sollte ich Bekanntschaft machen.

Wenige Schritte waren es von der Ferienpension über den Deich zum Sandstrand, zum Strandkorb in der obligatorischen, unter der Regie des Familienoberhauptes ausgeschaufelten Sandburg. Meine Schaufel und anderes Kinderspielzeug hinterließ ich des Abends beim Heimgang in der Hütte des Strandkorbwärters und genoss anderen Morgens den Service, mit dem er mich, den Fünfjährigen, als Kurgast wichtig nahm und mir meine komplette Strandarbeitsausrüstung mit wohlmeinenden Worten überreichte. Bei ihm standen die Kinder im Mittelpunkt. Schon deshalb bedeutete der tägliche Strandgang ein besonderes Erlebnis. Dem allzu langen Ausharren der Eltern bei Butterbrötchen mit Marmelade, Honig und Kaffee in der lichten, dem Deich zugewandten Veranda stand ich kritisch gegenüber. Denn mich drängte es hinaus über den grashüpferumschwirrten Deich an den Strand. Noch heute erinnere ich, wie es mir jedesmal einen Schlag aufs Kinderherz gab, wenn ich über die Deichkrone trat und hinter den Stranddünen und Silberpappeln blausilbern die Weite der See sich auftat. Vielleicht ist so meine Liebe zu Meer, Fjord und Strom geboren worden? Bis heute bin ich, wenn es um einige Tage der Erholung einmal nicht ins grüne Revier geht, der Weite des Meeres, seinem Duft nach Salz und Tang und dem Möwenruf treu geblieben.

Mein Vater, auch ihm war das Strand- und Meererlebnis Kindheitserinnerung, liebte den Gang zur See hinüber wie ich. Aber rückerinnernd erkenne ich, dass es eine gewichtige Konkurrenz der Gefühle gab. Der Vermieter, er betrieb außer der Tourismusbranche, wie man neudeutsch sagen würde, also neben dem Vermieten von Zimmern mit Frühstück an

Sommerfrischler, ein Handwerk. Die daraus resultierenden örtlichen Bezüge samt einem gewissen Wohlstand hatten es ihm ermöglicht, im nahen Hinterland der Ostseeküste ein Jagdrevier anzupachten. Im Treppenaufgang der Seebäderstil-Villa hingen dicht an dicht Rehkronen. Die starken Rosen und die gut geperlten dicken Stangen dieser Wunderwerke, und auch ein ganzer Kranz aus Damhirschtrophäen, von den verästelten Geweihen der Abschusshirsche bis hin zu den mächtigen Schaufeln einiger Erntehirsche, sind mir bildhaft in Erinnerung. Mein Vater verfügte damals nur über das bescheidene Ausgehrecht zur Entenjagd im Außendeich der Elbe, das er mit vielen Jägerkollegen teilen musste. Eines Morgens kam er, als er wiederum bewundernd die Trophäenwände beschaute, mit dem sonst nicht recht redefreudigen Beständer ins Gespräch. Jäger haben so etwas wie Witterung füreinander. Sie brach die Barriere zwischen Einheimischem und Gast, in diesem Falle auch: zwischen Hiesigem und Vertriebenem. Das ging nun nicht so weit, dass der Jagdherr meinen Vater auf einen Rehbock oder gar Damhirsch einlud, – und wäre es auch gegen Entgelt gewesen. Aber er empfahl ihm einen Pirschgang hinaus in die ostholsteinische Schweiz, er beschrieb einen geeigneten Abstellplatz für das Auto und jagdgerechte Pfade von dort ins Hügelland.

Vater nahm mich mit. Er hatte den leichten Sommerlodenmantel angezogen und das lange, schwarze 7x50 Hensoldt-Dialyt umgehängt, sein allererstes Nachkriegs-Jagdutensil. So bekleidet und ausgestattet mutete er mir gleichermaßen fremdartig wie auch kompetent für neue Erlebnispfade an. Ich lief an seiner Hand; wir taten einen langen Gang durch die Felder, vorbei an Laubgehölzen und hochstehenden ährenstarrenden Kornfeldern, überragt von langen, in weiten Schwüngen die anmutige Landschaft gliedernden Knickreihen. Die Sommervegetation stand hoch. Klein wie ich war, sah ich nicht allzu viel. Aber ich gewahrte die ungewohnt behutsame Art, mit der mein Vater tastenden Fußes dahin schritt, hier und da verhielt und durch das lange Fernglas in die Felder hinein schaute. Wir erblickten keinerlei Wild. In dem milchigen Schimmer, der dem Hochsommerlicht über Kornfelder eigen ist, im Geruch von reifendem Weizen, der an frisches Brot erinnerte, versank der Abend. Tau durchnässte uns Schuhwerk und Strümpfe. Vater, sonst sorgsam darum bemüht, dass der kleine Sprössling sich keinesfalls erkältete, focht das nicht an. Schließlich führte unser Rundgang zum Wagen zurück; schon schimmerte er metallen unter herabhängenden Buchenzweigen hervor.

Da verharrte Vater mit einem Mal, immer wieder »Hirsche! Hirsche!« flüsternd, und schaute in einen Weizenschlag hinein, der einer Fichtendickung vorgelagert war. Frischgrün leuchteten wie aufgesteckte lange, dünne Kerzen die Jahrestriebe der Fichten im Abenddämmern herüber. Ich sah wohl diese wunderlich illuminierte Nadelholzkante über den Kornähren, ansonsten starrte ich gegen die Kornfeldwand.

Schließlich bemerkte Vater, dass ich aus meiner Augenhöhe rein gar nicht erkennen konnte, was ihn so begeisterte. Da beugte er sich herab, nahm das lange Hensoldt von seinem Hals und hängte es mir um. Sodann hob er mich sacht auf seine Schultern. Jetzt konnte ich ins Ährenmeer hineinschauen. Aber ich entdeckte nichts Aufregendes. Nur einige mächtige Stauden ragten aus dem gleichförmigen Raster der Kornähren heraus. Da bewegte sich eine der vermeintlichen Stauden, ich richtete, im Umgang mit dem Fernglas vom Vater bereits vielfach eingewiesen, die Linsen dorthin und erschaute mächtige Geweihe, kaum vierzig Meter vor uns. Flüsternd erklärte mir Vater, es seien die Geweihe von drei Damhirschen, die dort nah beieinander im Korn säßen, rechts der Vollschaufler sei ein Hochkapitaler. Die Hirsche trugen noch den Bast, der jetzt, im Ausgang des Hochsommers, kurz vor dem Fegetermin, die gleiche milchige Farbe wie die reifen Weizenähren angenommen hatte. Die Bastumhüllung und diese falbe Farbe lassen Geweihe noch mächtiger erscheinen, als sie später in gefegtem Zustand sind. Mehrfach tauschten wir vorsichtig das Fernglas, dieweil ich in meinem Jungjägerhochsitz auf den lodenbemantelten Schultern meines Jagdführers thronen blieb. Schließlich, in allertiefstem Dämmern, schlichen wir uns davon und sprachen die ganze Heimfahrt von unserem Erlebnis. Als ich einschlief, träumte ich, der Vater hätte einen Hirsch, selbstredend den ganz dicken, erlegt und wir hätten ihn im Triumphzug herein zur Pension geschafft. In der Tiefe der Nacht und der Traumwelt wiederholten sich die Bilder, aber mit einer unglaublichen, kaum wiedererzählbaren Variante: in dieser reichte mir der Vater statt des Hensoldt das Gewehr herauf!

Ich hatte mir vorgenommen, meine Damwildjagdpläne nicht in die kurzen, kalten Wintertage hinaus zu zögern und legte, oder besser stellte, mich eines August-Frühmorgens am Saum eines Altfichtenbestandes vor, dort, wo er in eine lückenhaft aufwachsende, noch kaum bauchhohe Fichtendickung mit einzelnen eingesprengten Buchen überging. Weiter waldwärts schloss sich eine breite lichte Schneise an, die das Wild nicht ohne vorheriges Verhoffen und Sichern in der beschatteten Deckung überwechseln würde. Hinter den herabschwingenden Randästen einer Altfichte hatte ich mir einen Stand gerichtet, eigentlich nur einen stärkeren Totholzzweig entfernt und etliche der benadelten Spitzen gekappt. Vom Sitzstock aus ließ sich von dort wie aus dem Fenster eines bergenden Zeltes in die Schonung hinausspähen. Falls schussbares Wild anwechselte, würde ich aufstehen und, am Fichtenstamm anstreichend, sicher in eine der Lücken des Jungfichtenbestandes hinein schießen können. Hier, nahe den Haupteinständen des großen Waldreviers, konnte auch ein Rothirsch kommen, oder gar ein Kahlwildrudel, ein Rehbock stand noch auf der Liste, Schmalrehe waren ohnehin frei.

Bei frühem, aber schon vollem Licht schob ich mich durch den Altbestand vor. Nur jetzt kein lauthallendes Knacken eines Dürrastes, das meinen Stand verraten würde. Ich musste lautlos in mein natürliches Ansitzzelt hineinschlüpfen. Deshalb war ich auch nicht im allerersten Frühdämmern gekommen, – was womöglich die Aussicht auf eine verspätet von den Feldern heimkehrende Sau erhöht hätte, – sondern bei schon ausreichenden Sichtverhältnissen für eine lautlose Pirsch. Der kühle Frühwind zog beständig von Westen her zum Zentrum des Waldes im Osten hin, so dass meine Aussichten bestens waren, dorthin einwechselndes Wild abzupassen, wenn ich nur meinen Stand leise erreichte. Das gelang! Ich suchte die vergrasten, hell gelbgrün leuchtenden Lücken zwischen den wie kleine uniformierte Waldtrolle in allerdings nicht ganz militärisch korrekter Ordnung dastehenden Jungfichten ab: nirgendwo ein roter oder brauner Fleck, der den Puls hätte empor jagen können. So nahm ich auf meinem Sitzstock Platz, spähte durch die tiefgrüne Nadelwandgardine hindurch. Bald fiel mir ein dunkelbraunes Etwas auf, weit jenseits unter einzelnen Lärchen, das im Muster der Formen und Farben als Fremdkörper erschien. Erst wurde ich nicht recht klug daraus, was sollte das sein, in guter Mannshöhe? Dann schließlich bewegte sich das Etwas – und ließ sich im Fernglas identifizieren als das Kronenende eines Rothirschgeweihes. Mein Blut kam ein wenig in Wallung, aber dann sagte ich mir, wahrscheinlich sei die andere Stange ebenso stark, und in diesem Falle sei dies kein Hirsch für mich. Wie oft ist es mir so ergangen: Wechselte das lang begehrte Wild an, so stand es zu diesem Zeitpunkt nicht auf meiner Jagderlaubnis. Zunächst aber hieß es, jetzt jede verräterische Handbewegung zu vermeiden. Ich hatte die braunen Lederhandschuhe übergestreift, wie es mein Vater mich gelehrt hat, der nie mit bloßen Händen auf den Ansitz oder die Pirsch ging. Denn aufleuchtend sich bewegende Hände können leicht vom scharfsinnigen Wild wahrgenommen werden, und jede Berührung eines Stammes, einer Hochsitzsprosse mit nackter Haut lässt zudem hochintensive Menschenwitterung zurück. Gerade in den Beständen soll der Jäger diesen zusätzlichen Störfaktor vermeiden. Wer einmal erlebt hat, wie Wild plötzlich, ohne erkennbaren Grund, nahe vor dem bei bestem Wind gewählten Hochsitz zurückgeprellt ist, mag sich erinnern, ob er beim Angehen des Platzes unbehandschuht Stämme, Zweige und die unteren, in Höhe des Windfanges des Wildes befindlichen Leitersprossen angepackt hat.-

Der Hirsch ließ sich Zeit, er schlug eine Junglärche zusammen, warf sich brummend in eine Wasserpfütze, raffte sich dann plötzlich auf und zog stracks auf mich zu, dann nach Osten einschwenkend durch die Mitte der Schonung den Tageseinständen zu. Ein Bilderbuch-Kronenzwölfer war es. Nun leuchtete es weiß und gelb hinter ihm auf, und in breiter Front trollte Damwild heran, der Rothirsch äugte hinüber, sein Lecker ging. Es war ja bald Herbst und Brunftzeit, – hier in Holstein schrien die Hirsche oftmals schon in den letzten Augustnächten, – sicher hatte er über Nacht am Rande eines Kahlwildrudels gestanden, und die Aufregung kochte ihm noch im Blut. Aber die buntgefleckte Verwandtschaft mit den herumtollenden Kälbern schien ihn dann doch eher zu stören und er gab das Sichtfeld frei. Rasch kam das Damwild mir nahe, fast war es zu spät, um noch aufstehen und zu versuchen, ein Schmaltier aus dem Rudel heraus zu finden! Drei der Tiere nahmen mich gleichzeitig in Blick. Mit vorgereckten Häuptern standen sie, die Nüstern gingen. Die Kälber dagegen huschten weiter durch die Fichten hin und her, und diese dauernde Bewegung bedeutete so etwas wie Ablenkung, wenn es dergleichen bei dem argwöhnischen Damwild überhaupt geben kann. Hat ein Damtier einmal eine verdächtige Bewegung eräugt, so wird es niemals wie Rehwild und – seltener – auch Rotwild das Haupt nach einiger Zeit wieder senken, sondern starr herüber äugen, und dauere es noch so lange. Diesen Blick, der sagt: »Da ist etwas Verdächtiges, es ist da! Ich habe mich nicht getäuscht!«, – wie oft habe ich ihn ertragen müssen!

Der dünne Hals und die schmalen Flanken identifizierten das mir am nächsten stehende Tier als ein Schmalstück. Seine auffällig rote und wenig gefleckte Decke erinnerte ich zudem von einem der Vorabende. Da hatte ich es bereits als Schmaltier angesprochen und, um es vorzumerken, mir die Zeichnung seiner Deckung eingeprägt. Es bedurfte keiner prüfenden Kontrolle durch das Fernglas; dieses war die einzig richtige Wahl aus dem Rudel! Hinter den deckenden Zweigen nahm ich den Stutzen hoch, ohne den Kopf zu bewegen, ohne den Blick wegzuwenden. Das Schmaltier gewahrte meine Bewegung! Ich sah die immer größer werdenden Lichter des Wildes, ging blitzartig mit dem Gewehr ins Gesicht und schoss tief vorn auf den Stich. Nach allen Seiten wippte Damwild auseinander, der Rothirsch trollte noch einmal, wohl durch das Echo des Schusses getäuscht, in die Jungfichten hinaus und dann im Bogen von mir weg dem Tageseinstand zu.

Unglaublich, nur zwölf Schritte waren es bis zu dem gestreckten Stück! Wie elegant es aussah in der kurzhaarigen glatten, glänzenden Sommerdecke! Warum hatte ich dieses Spätsommermorgenidyll stören müssen? Einen Augenblick stand ich in diesem heimlichen Waldwinkel vor dem Wild. Das erneut schussbereite Gewehr in meinen Händen mutete mir an wie ein Fremdkörper. Dann packte ich zu, behutsam das Stück zum Weg zu schaffen. Nur nicht berserkerhaft es herauszerren und den Wert des Wildbrets durch Prellungen mindern! Auf dem taunassen Gras ging ein sanfter Abtransport leicht vonstatten. Und ein milder Augustmorgen – statt eines kalten Wintertages – stand zur Verfügung, die Beute in aller Ruhe zu verarbeiten. Auch dieses gehört zum jagdlichen Handwerk, zum zufriedenstellenden Jagen.

Und es war ja August, Monat der jetzt beginnenden Haupterntezeit des Jägers! Des Abends oder anderen Morgens würde ich wieder um die Wege sein, um nach einem Rotwildrudel zu passen, einem geringen Hirsch, nach einem weiteren Stück Damwild, schon jagdgerecht herangewachsenen Frischlingen. Zum Augustmonat gehört das Erleben der Blattzeit. Ganze Bücher und viele Abhandlungen sind allein darüber verfasst worden, wie man sie denn waidmännisch und erfolgreich ausübt. Es ist auch bestritten worden, dass es überhaupt gerecht sei, einer so edlen Wildart wie dem Reh in seiner Paarungszeit nachzustellen. Betrachten wir das reale Geschehen in unseren Revieren heute, nachdem Getreide- und Maisschläge riesigen Ausmaßes das Landschaftsbild im Sommer bestimmen, so wird sich nüchtern feststellen lassen, dass es im Frühjahr, bei Aufgang der Bockjagd, leichter ist, Beute zu machen. Nach dieser Erkenntnis verfahren die meisten, und die Zahl der Böcke, die an den heißen Tagen Anfang August noch aufs Blatt springen könnten, ist allein deshalb nicht mehr so hoch wie in alten Tagen, die von der Jagdliteratur besungen werden, weil ein erheblicher Teil der Böcke bereits gestreckt worden ist.

K.-P. Reif

Im Vorfrühling, während der Schonzeit, hatte ich den Auftrag gehabt, Rehwild aus einer gezäunten Laubholzdickung heraus zu bugsieren. Anders als beim Eichengatter gab es hier ein großes Tor, das ich weit öffnete. Um das Rehwild dort hinaus zu lenken, lief ich, mich laut bemerkbar machen, trampelnd, auf die Gehölze schlagend, innenseitig parallel zum Zaun entlang, bis zur Hälfte herum. Das nunmehr locker gemachte Rehwild würde sicher vor mir her am Zaun entlang ziehen, wo allerhand Fährten standen. Das Problem bestand darin, es zum Auswechseln durch die Torausfahrt zu bewegen. Häufig jagt im Gatter angerührtes Rehwild am offenen Tor in gerade Linie vorbei, lässt sich um und um im Kreise treiben, statt das Angebot anzunehmen, den Einstand ordnungsgemäß zu verlassen. Um das Auswechseln zu unterstützen, bog ich nach der Hälfte der laut absolvierten Rundtour hübsch leise in Richtung Tor zurück und stellte mich neben dem linken Torpfosten auf, an dem ich meinen Sprint begonnen hatte. Ich versperrte eine Art Zwangswechsel zwischen einigen Reisighaufen und dem Zaun. Es dauerte nicht lange, da erschienen von rechts in ziemlichem Troll zwei starke Böcke, der eine trug noch ein Bastgehörn, der andere prahlte mit leuchtenden, gefährlich langen bereits gefegten Zinken. Elegant, wie ein Verkehrspolizist auf belebter Kreuzung, schwenkte ich richtungsweisend die Arme und meinte, die Rehe so zum Tor hinaus weisen zu können. Aber dieses wohlgemeinte Vorhaben misslang gründlich: Der Bastbock prallte jäh zurück, stürzte panisch über einen Stubben, überrollte sich seitwärts und preschte wieder in die Dickung. Der mit den langen gelben Enden aber tat etwas, als er mir auf wenige Meter nahe gekommen war, was ich so bei einem gesunden Reh so nie wieder erlebt habe: Er bremste mit steifen Läufen ab und stand mit rollenden Lichtern und gefährlich gegen mich gesenkter Wehr einen Augenblick still. Dann warf auch er sich herum, auch er nicht zum Tor hinaus, sondern über die Reisighaufen hinweg, dass die Dürräste nur so flogen, in die Dickung hinein. Ich ließ danach das Tor offen, was insofern ein Risiko bedeutete, als ein ganzes Rudel Damwild, eine Rotte Sauen und zudem weitere Rehe hätten ins Eingezäunte einwechseln können. Andern Morgens schloss ich das Tor. Die Nachschau der nächsten Tage ergab, dass mein Plan gelungen war: Die braune, von Rehschalen aufgefurchte Linie, die innen am Zaun entlang lief, vertat sich nach und nach, trocknete aus und überwuchs schließlich. Die Böcke und vielleicht noch weitere, unentdeckt gebliebene Rehe hatten mein Störmanöver übel genommen und waren, gründlich vergrämt, unter dem Schutz der Nacht geordnet durch das Gattertor ausgezogen.

Natürlich hatte ich mir den Bock mit den leuchtenden Gehörnspitzen vorgemerkt. Aber es warteten zunächst andere spannende bockjägerische Aufgaben auf mich. Für einen sonnigen Jagdmorgen lud der Revierinhaber seine Freunde zu einem gemeinschaftlichen Bockansitz ein. Meine Aufgabe war es, dieses ungewöhnliche Vorhaben vorzubereiten. Früh um fünf Uhr trafen wir uns, und ich verteilte die Gäste. Mir selbst hatte ich keinen bestimmten Stand vorbehalten. Bis ich meine Aufgabe als Ansteller oder besser: Ansetzer erfüllt hätte, würde eine Stunde vergangen sein, dann würde ich einen kleinen Pirschgang im Herzen des Waldreviers machen, der zweierlei Zwecken dienen sollte: Würde ich einen Bock anrühren, so würde er, um im Laufe des Morgens in einem großen Bogen wieder zu seinem Einstand zurück zu kehren, gegen die Peripherie des Waldes hin flüchten. Dort, rings herum verteilt, saßen die meisten Gäste. Der Pirschgang, den ich mir vorgenommen hatte, ging über einen steilen Hang hinweg rund um eine tiefe Mulde, die mit Buchen aufgeforstet war. Weder beim Pirschen und schon gar nicht im Vorüberfahren konnte man in diese Senke hinein blicken. Diesen Einstand wollte ich erkunden. Der Hang schirmte ihn gegen den Hauptweg ab, die Flanken waren von weg- und steglosem Hochwald umgeben, der jenseits vorbei führende Waldweg war unbefahrbar versumpft, zudem versperrten allerlei Hasel- und an den ganz nassen Stellen Erlenschösslinge den freien Blick. Kurz gesagt, es war, obwohl mitten im Revier gelegen, oder gerade deshalb, – man beläuft ja wohl zu gerne die Grenzen, – einer jener Winkel, in die kaum je der Jägerschaft Blick fällt. Einmal hatte ich, im März, vom Hauptweg aus auf dem Kamm des steil ansteigenden Hügels einen Bock gegen den Himmel stehen sehen. Er ließ mir nur Zeit für eine Momentaufnahme, die sich in der Erinnerung festsetzte: Ein Gabler mit schon gefegten Stangen, die Vordersprossen machten gleich einem halb gekrümmten Zeigefinger einen Aufwärtsschwung, der ihnen die Gestalt einer halben Öse gab. Der Bock wies eine breite Stirn und war voll ausgewachsen. Ein älterer Bock, den weder ich, der ich damals dort häufig um die Wege war, noch einer der anderen Jäger kannte, mitten im Revier? Ich beschloss, den Einstand näher abzupirschen, kam aber nicht dazu. Zumeist ist es ja so, das lernt man in langen Rehjägerjahren, dass ein Bock, überhaupt ein Reh, das man einmal an einem bei den Rehen beliebten Winkel im Wald, aber auch im Feld gesehen hat und das man an Hand bestimmter Merkmale sich hat einprägen können, an gleicher Stelle wieder auftaucht, eben weil es seinen Einstand dort herum hat.

Tief in meinem Herzen war der geheime Hauptzweck meines Planes also festzustellen, ob sich in der zu erkundenden Senke womöglich der Einstand des Ösen-Gablers befand.

Ich erklomm den steilen, locker mit Altbuchen bestandenen Hang und schob mich hübsch langsam über die Kuppe. Dieser Platz roch gerade zu nach Rehwild. Die Senke war mit Himbeeren vollgewuchert, zwischen den weiträumig gepflanzten Buchen sprossen allerlei Kräuter und vielfältige Waldgräser. Zudem fiel die schon hochstehende Morgensonne hinein, und man konnte sich ausrechnen, dass bis gegen Abend die ovalförmige Senke im Licht liegen würde, bis nämlich hinter dem steilen aufragenden Hügel, den ich gerade erstiegen hatte, die Abendsonne versank. Sonne bedeutet immer Pflanzenvielfalt, knospende Blüten und Sträucher, also Rehwildäsung; Sonne bedeutet auch Wärme, und wer warm sitzt und wiederkäut, spart Energie. Eine ruhige Sonnenlage nahe guter Äsung ist ein Rehwildbiotop.

Sacht schob ich mich an einen Stubben, zog mein faltbares Kissen aus der Jackentasche, breitete es darauf und ließ mich nieder. Hier gleich drauflos zu pirschen, wäre eine jagdliche Sünde gewesen. Erst einmal musste ich warten. Die Gräser und Kräuter glänzten nass im Sonnenlicht. Es war ein Taumorgen, da kommt manchmal das Rehwild spät in die Gänge. Es will nicht in der kühlenden Nässe herumziehen, sich gar mit feuchter Decke zur Vormittagsruhe betten, vermitteln ihm doch seine Instinkte, dass die höhersteigende Sonne alsbald die Pflanzenwelt abtrocknen wird. – Ich saß und schaute mit dem Glas in alle Winkel, nirgendwo das verheißungsvolle erhoffte plötzliche Aufleuchten einer roten Rehdecke. Hinter mir, aus der äußersten Waldecke, fiel jetzt ein Schuss; ich meinte auch, Kugelschlag zu vernehmen. Dort hatte ich einen der Gäste hingesandt und ihn gebeten, nur recht schön leise und langsam dem Abfuhrweg folgend, sich an die ihm zugedachte Leiter zu schleichen. Der Bock, so erahnte ich, würde vom Feld her ins Altholz ziehen, um sich in der warmen braunen Buchenstreu zu betten. Für den Schützen war der Bock, weil die Leiter nicht gegen das Feld, sondern ins Altholz gerichtet war, erst zu bemerken, wenn er irgendwo neben oder gar unter ihm auftauchte. Dem verständigen Gast hatte ich diese jagdstrategische Lage erklärt und konnte nun annehmen, dass der Plan aufgegangen war. Diese Hoffnung befreite mich von der Sorge, ein von mir erlegter

Bock könnte womöglich die einzige Beute des Morgens sein und ich in den Geruch geraten, mir den Kaiserstand zugeteilt zu haben.

Von solchen Hemmungen befreit, erhob ich mich nach langem Warten und begann, Schritt für Schritt im halber Hanghöhe die Senke zu umschleichen. Auf dem taufeuchten Waldboden ging es sich leise. Der Untergrund hatte, wie es dem ostholsteinischen Hügelland zu eigen ist, lehmige Anteile. Nasse Gräser auf anlehmigem Waldboden ergeben eine dem Jäger gefährliche Schmierseifenkonsistenz. Ich kam, ohne dass ich mit polternd aufschlagender Büchse ausgerutscht wäre, auf die drübige Seite der Senke, schlängelte mich zwischen den Stauden am verwachsenen Waldweg hindurch. Hier und dort standen Trittsiegel von Damwild und Rehwild, in denen sich, wie Öl schimmernd, Wasser sammelte. Ob es klug gewesen war, in Ungeduld den nahezu alles beherrschenden Sitzplatz auf dem Hügel zu verlassen? Ich beschloss, nicht auch noch die andere Kurzseite des Einstandes zu beunruhigen, sondern in der eigenen Spur zurück zu pirschen. Vielleicht konnte ich schon am Abend wieder kommen. Dann würden die Rehe, die womöglich irgendwo in den Himbeeren saßen, auf jeden Fall aufstehen und mir damit büchsennah sichtbar werden. Ich ging genauso behutsam wie auf dem Hinweg, nicht nur wegen des schmierseifigen Untergrundes, sondern auch in der Hoffnung, ein tief in Himbeerboschen und Buchenschößlinge eingeschobenes Reh könnte womöglich gar nichts von meiner Anwesenheit bemerkt haben und jetzt noch auftauchen.

Überhaupt gibt es bei der Suche nach einem Bock in unbekanntem Einstand, wenn man sich Überblick verschaffen will, nur zwei Vorgehensweisen: Entweder man pirscht, sacht und umsichtig, ganz langsam, stehend-gehend, wie es sich gehört, oder man spaziergängert. Dabei soll man sich auf den bekannten Menschenpfaden bewegen und könnte auch in leuchtendem weißen Hemd gehen, auf dass man vom Wild für einen der üblichen, ungefährlichen Tourengeher gehalten werde. Mehr als einmal habe ich im Feldrevier den Jagdnachbar in brauner Arbeitscordhose, dazu gehöriger derber, offen stehender Weste, aufgekrempeltem weißen Hemd, – sicher war es ein ausrangiertes, das zur Stallarbeit aufgetragen wurde, – von seinem Hof weg von Zaunpfahl zu Zaunpfahl einen Bock anpirschen sehen. An den hell getünchten Wänden seiner Diele hing es dicht an dicht voller Gehörne! Er hat mir übrigens erzählt, dass in der dortigen Region, im mittleren Holstein, das Rehwild in den fünfziger Jahren noch ein seltenes Wild gewesen sei. Seinen ersten Bock habe er damals mit einem Flintenlaufgeschoss aus der sechszehner Querflinte erlegt. Erst später habe er sich eine Büchse angeschafft. Inzwischen steht dort, in naher Nachbarschaft, auch Rotwild, und auch Sauen sind nach Aufforstung der ehemals für den neuen Hamburg-Flughafen vorgesehenen Flächen eingezogen.

Als ich mich auf halber Höhe des zurück erstiegenen rutschigen Hanges eratmend wieder einmal umschaute, leuchtete es düsterrot unter den herunter hängenden Altbuchenzweige, nicht weit von der Stelle, an der ich vorhin so gemütlich auf dem Stubben gesessen hatte. Ich schalt mich meiner Ungeduld wegen, trat dann aber sacht an eine Buche heran und visierte hinüber. So weit war's gar nicht! Jetzt hob das Reh hinter dem grünen Schleier das Haupt: nussbraune derbe Stangen schimmerten. Der Bock hatte einen schweren vollen Rumpf, das Gehörn schien nicht eben hoch. Der Jagdherr war nicht pingelig. Er wusste, wie schwierig es war, sich hier aus dem verwinkelten, gehügelten Wald einen Bock heraus zu holen. Der Bock äugte von mir weg starr auf eine Stelle unter der Hügelkuppe. Kopf, Hals und Vorschlag verschwammen hinter dem Grünschleier des Buchenlaubes, aber wenn ich auf der Mitte des halb abgewendeten Rehrumpfes abkam, musste die Kugel das Wild augenblicklich verenden lassen. Der Bock stand hoch über mir, aber noch voll gegen den Hang, Kugelfang war damit gegeben. Warum zögern? Ich versteifte mich, nur kein Fehlschuss oder eine Nachsuche mit all den Gästen im Revier! Dann war die Kugel hinaus, und ich wusste, dass das Fadenkreuz auf der sich abzeichnenden letzten Rippe gestanden hatte. Rein gar nichts rührte sich mehr, das grünverschleierte Rehstandbild war verschwunden. Lag der Bock? War er über die Kuppe davon gehuscht? Fast hätte es mich hingeschlagen, als ich mich nun beeilte, hinüber zu kommen. Vierzig Gänge vor meinem Ansitzstubben ruhte malerisch rot im knallgrünen taufunkelnden Waldgras der Bock mit den geschwungenen Vordersprossen! Als ich ihn auf die Kuppe hinaufzog, stach mir ein grünglänzender Fremdkörper in die Augen. Da lag etwas, was nicht zur Waldvegetation gehörte. Ich trat heran und – nahm befriedigt das Sitzkissen von meinem Stubbenthron auf. Das war es, wohin der Bock geäugt hatte.

Im Gutshaus gab es allerlei Hallo ob der zwei auf dem Rasen vor den Sprossenfenstern der geräumigen Gutsküche gestreckten Böcke, in der wir uns zur morgendlichen Stärkung und zum gemütlichen Nacherzählen zusammen fanden. Ein mittelalter, mit mageren gelben Stangen und ein vollrumpfiger mit schwerem nussbaumfarbenem glattem Gehörn und eigenwillig aufgeschwungenen Vordersprossen lagen da draußen; der Revierinhaber bestätigte, der dicke müsse ein Zufallsbock sein, er jedenfalls habe ihn nicht gekannt. – Die immer lustiger werdende Korona ging zu Rotwein und Bier über. Für mich wurde es Zeit, zu verduften. Der Jagdherr, selbst mehr an der Gemeinsamkeit des Jagens unter Freunden und daran interessiert, dass am Ende auch etwas auf der Strecke lag, denn am eigenhändigen Beutemachen, entließ mich mit dem Hinweis, ich möge des Auftrages nicht vergessen, den Eichengatterbock zu beseitigen. Dies war ein nur durch seine, den Zorn des Jagdherrn erweckenden Fegestellen bekannter Bock. Er war ins Eichengatter hineingeraten, verschlug Bäumchen um Bäumchen hübsch nahe am Hauptweg, aber niemand bekam ihn je vor die Büchse. Ungezäunte Böcke zu erlegen sei offensichtlich leichter als solche, die in einem kleinen überschaubaren Gehege ständen. Im Übrigen: Fast alle aus der Morgenrunde seien nachmittags zu einer Hochzeit eingeladen; das ganze weite Revier stände mir zur Verfügung. Etwas angeheitert, teils vom Nachfeiern des gelungenen Experiments einer gemeinsamen morgendlichen Rehbock-Ansitzjagd, teils vom Vorfeiern der Hochzeit, – hoffentlich waren später wenigstens der Pastor und das Brautpaar halbwegs wach und nüchtern, – meinte er zudem, wenn ich noch einen Guten anträfe, sollte ich ihn nur heranschaffen; denn die Anderen: er wies mit ausladender Geste auf die achtköpfige Gästerunde, seien besser im Feiern als im Jagen. Dies hätten wir ja heute morgen eindeutig festgestellt, »den einen mageren Abschussbock ausgenommen«, – dabei schaute er nicht etwa auf den vorm Fenster liegenden Bock, sondern auf dessen Erleger, einen etwas vollschlanken Freund, der noch immer seinen mächtigen jagdkatalogmäßig makellosen dunkelgrünen Hut auf dem Kopf hatte und sich von dem kapitalen Katenschinken, der auf dem Küchentisch die zentrale Position einnahm, nicht allzu dünne Scheiben herunter schärfte.

Nicht immer habe ich Geschenke angenommen, die mir sehr großzügig erschienen. Ein Gefühl, es sei nicht angemessen, einfach einmal Glück zu empfangen, stand hinter diesen Ablehnungen, so etwas wie: Was ich mir nicht erarbeitet habe, das habe ich doch nicht verdient! Ich konnte dann nicht spontan zugreifen, und die Chance ging vorüber. Denn spontan »ja« zu sagen, gehört häufig zum Sich-Beschenken-Lassen. – Später habe ich gelernt, dass es Zeiten im Leben gibt, da einem glückliche Stunden geschenkt werden, und auch manchmal auch solche, in denen eine ganz große Gabe wartet. Warum, wenn es wirklich ein Geschenk und nicht ein

Bestechungsmanöver ist, das da vor uns steht, sollten wir uns selbst kleiner machen als andere uns sehen? Warum sollten wir meinen, wir hätten »das nicht verdient« und »könnten es daher nicht annehmen«? – An jenem Tag griff ich zu. Ich entgegnete humorig, es werde »mir eine Ehre sein«. Gegen Abend war ich wieder draußen. Kein Auto stand mehr vorm Gutshof, die Gesellschaft hatte sich von Grün in Schwarz oder Anthrazit umgekleidet und war, nach dem frühen Aufstehen und dem ausgiebigen Vorfeiern sicher müde, aber fröhlich, beim Festbankett. Ich meinerseits pirschte längs des breiten Eichenknicks den vergrasten Abfuhrweg hinunter, der zu jener Niederung führt, in der ich den die Jungeichen vernichteten Bock erlegen sollte.

Wie ich so im Planen die Umsichtigkeit vergaß, die den geschickten Pirschjäger auszeichnet, rumpelte es neben mir jenseits des Knickwalles im Roggen. Ich sprang rasch an die dicke Eiche, die neben mir auf dem Wall stockte. Jetzt erscholl rauher, zorniger Schrecklaut und schließlich tauchte an einer Stelle, an der sich der vollreife Roggen ein wenig gelegt hatte, das dicke, starkgehörnte graue Haupt eines Bockes auf. Es bedurfte des Fernglases nicht! Das war Einer! Die Entfernung dort hinüber betrug an die hundert Gänge; nicht ein Hauch vom Wildkörper war zu erahnen. Ein halbwegs verantwortbarer Schuss ließ sich nicht anzubringen. So achselte ich das Gewehr wieder über und schaute mir den verärgerten Herrn dieses Einstandes im Fernglas näher an. Gefährlich aufblitzende Vorderzinken, die fast parallel zu den Stangen hochkamen, leuchteten mir entgegen. Das war doch der Bock, der damals im Frühjahr angriffsfreudig das dicke Haupt mit der gefährlichen Wehr gegen mich gesenkt hatte! Da ging er auch schon ab in einer ganzen Serie von Hochfluchten, jede von einem bassigen Schreckton begleitet, zur Fichtendickung hinunter. In lässiger Fahrt setzte er vom Roggen dort hinein, wobei er mir sein breites Rückgrat wies. Wie konnte ich seiner noch habhaft werden? Zurücklaufen, den Revierkomplex umfahren und von der Chaussee her hinunterpirschen? Schon wollte ich mich wenden, da gröhlte der Bock noch einmal auf. Das war jetzt hinter der Dickung, neben der vom Eichenschänder geschädigten Kultur. Noch einmal erscholl ein Schrecklaut, kurz nur und fast schon wieder friedlich, vom gleichen Standort. Dort war er also stehen geblieben! Ich schlich am Knick weiter, bögelte seitwärts aus, pirschte Meter für Meter, auf dass ja nicht ein einziges dürres Blättchen knisterte, zu jener Leiter seitwärts des Eichengatters hin und schob mich im Zeitlupentempo hinauf. Der Bock hatte sich nicht mehr gemeldet. Ich beschloss sitzen zu bleiben, bis es Nacht würde. Als die Sterne schon über mir glänzten und eben eine einsame Schnepfe in den Graben eingegaukelt war, schob sich mit einem Mal ein düsterbrauner Wildkörper aus den Buchenstangen in den ausgemähten, aber schon wieder kniehoch vergrasten Holzabfuhrweg. Ich nahm gleich das Gewehr, fasste das verschwimmende Ziel, erkannte durchs Fernrohr blitzend aufleuchtende, sperrig steile Stangen und schoss, als der – ich gebe es zu – zitternd tanzende Zielstachel dorthin gewippt war, wo sich die Blattschaufel erahnen ließ. Ich hatte am Morgen schon einen alten, recht guten Bock geschossen. Eigentlich hätte ich gelassen sein können. Aber das Fieber packte mich wie einst bei den ersten Rehböcken meines Jägerlebens, lange vor jenem Abend. Er musste liegen! Ich lief am Graben entlang. In der Eile und Aufregung hatte ich mir keinen markanten Punkt in der langen Bahn längs des Grabens gemerkt, wie es sich für den aufmerksamen Büchsenschützen gehört. Es war schon fast Nacht. Dort hinten irgendwo musste der Anschuss sein! Da fiel ich über den Bock! Viel näher lag er, als ich geglaubt hatte. Die tiefe Dämmerung hatte das Ziel kleiner und deshalb ferner erscheinen lassen, als es in Wirklichkeit gewesen war. Hoch auf der Blattschaufel schimmerte das Einschussmal, die Kugel hatte das Leben des Alten jäh ausgelöscht. Nur keine Abflucht in die Buchendickung! Das war mein Gedanke gewesen, als der Finger den eingestochenen Abzug berührte.

Meine Jägerseele jubelte. Zwei gute alte Böcke an einem Tag! Solches ist mir in meinem Jägerleben später nimmermehr geschenkt worden. Einmal, als ganz junger Jäger, hatte ich die Chance dazu gehabt, und damals nicht den Mut, das Geschenk anzunehmen, das vor mir stand. Am Mittag jenes Tages hatte ich an romantischem Platz in den Lech-Auen über ein kleines Wasser hinweg einen guten Bock geschossen und mich dann des Abends, vor Sonnenuntergang, hinaus in die Felder gesetzt. Dort gab es einen Bock, dessen wir nicht habhaft wurden, weil er Abend für Abend in einem anderen der langen Streifen aus Mais, Rüben, Kartoffeln, Hafer und Klee auftauchte. Welch ein Niederwildparadies war das dort! An jenem Abend, mein letzter vor der langen Heimreise, stand der Begehrte wiederum weit draußen auf. Von der kleinen, in den einzigen Busch auf weiter Flur, eine vielverzweigte Weide, geschickt eingefügten Kanzel aus konnte ich ihn über etliche Schläge hinweg sehen. Probeweise visierte ich aus guter Auflage hinüber. Nach dem, was ich zur Jägerprüfung über das Schätzen von Entfernungen mit Hilfe des Abkommens im Zielfernrohr gelernt hatte, waren es fast dreihundert Meter. Ich weiß nicht, ob ich heute, mit dem rasanten Kaliber jener Büchse, die ich später wegen ihres furchtbaren, mich zum Mucken führenden Rückstoßes weggab, nicht doch angesichts der verlockend leuchtenden Gabelsprossen über massigem haselnussbraunen Unterbau, – auch jener war ein Gabler, – den Schuss gewagt hätte. Damals jedenfalls traute ich ihn mir nicht zu. Aber ich zog, wiewohl mit dem Blatten fast nicht vertraut, den Buttolo-Gummiblatter heraus, den mir der Vater mit auf die Reise gegeben hatte. Schon beim Herausfummeln mit fiebrigen Händen aus der Tasche der Jagdjacke ertönte ein ungewollter, aber gar nicht so misslungener, wenn auch abgehackter Fiepton. Daraufhin setzte der Bock, nachdem er noch höher gereckten Hauptes einen Augenblick herüber geäugt hatte, sich in Bewegung! Er nahm allerdings nicht Richtung auf mich, sondern schien etwa zweihundert Meter vor mir die längs von mir weg laufenden Feldstreifen queren zu wollen. Einer davon war ein Maisstreifen; als der Bock dort hineintauchte, glitt ich von der Kanzel und rannte längs des Feldraines voran. Dann setzte ich mich an einem Dunghaufen auf den Boden, stützte das Gewehr auf die Knie und atmete tief durch. Ich war eben schussfertig, da tauchte der Bock aus dem Maisdickicht auf, stand breit, das Haupt mir zugewandt, über dem die Enden blitzten. Der Stecher sprang ein, der Zielstachel beruhigte sich. Es war ein weiter Schuss dort hinüber, aber nicht zu weit. Doch ich schoss nicht! Was würden sie auf dem Gut sagen, die anderen Gäste, die Verwandten, wenn der Jungjäger, gerade einundzwanzig Jahre alt, zwei gute Böcke binnen eines halben Tages auf die Decke legte? Schließlich zog ich den Sicherungsschieber zurück, ließ den Stecher abschnellen. Der Bock vernahm das metallische Geräusch und wandte sich in die Deckung zurück.

Der Onkel war deutlich verstimmt, als ich berichtete. »Ich habe doch gesagt: Beim Abschuss von Böcken nicht kleinlich sein!« Weder er noch sonst einer der Jägerei dort hat übrigens diesen Bock wieder gesehen. So weitläufig das Revier auch war, hinter der Kanzel, auf der ich gepasst hatte, verlief die Grenze. – Damals habe ich mich, als ich die vielen Kilometer über das graue Band der Autobahn zurück rollte, mächtig über mich selbst geärgert. Noch heute steht der dunkelrote, lang gestreckte, hoch aufgerichtete Wildkörper mit dem eisengrauen Haupt und den weit über den Lauschern leuchtenden Stangenspitzen vor meinem geistigen Auge, als wäre ich eben aus dem Revier gekommen; der Zielstachel schwankt, saugt sich an der Blattkante in mittlerer Höhe fest und steht unverrückbar dort. – Geschenke, die von ehrlichem Herzen angeboten werden, soll man nehmen. Aus der Großzügigkeit auf der einen und der Dankbarkeit auf der anderen Seite wächst dann doppeltes Glück. Aber das erkannte ich damals so klar noch nicht.

Der eben erlegte erinnerte mich an den damals Pardonnierten aus des Onkels Revier: Er trug ähnliche hochsteilende Stangen, hatte die gleiche unwirsche Art des Herumziehens in einem großen Einstandsbereich. – An jenem Abend hatte ich noch einen langen Weg unter lautlos schwirrendem Fledermausflug und flimmerndem Sternenglanz bis zum Wagen, dann fuhr ich in den nachtdunklen Wald hinein, hielt vor der Damwildleiter und barg mit leichter Hand mein Wild. Im Kühlraum hängte ich den Alten zu den beiden vom Morgen hinzu. Die Gehörne der beiden Gabler hatten die abfallenden Dachrosen alter Böcke. Der vom Abend war der deutlich Bessere und der Ältere. Der Jagdherr verlor, als ich ihn einige Tage später sprach, nur einen Satz über meinen Erfolg: »War das nun der aus der Eichenkultur?« In dankbarem Vertrauen auf seine Großzügigkeit blieb ich die Antwort schuldig.

Wenige Tage später trieben die Böcke. Eines Spätnachmittags bezog ich die Damwildleiter. Ich hatte nämlich festgestellt, bei jenem aufregenden Spätansitz, dass man von dort über den Zaun doch hier und da in die ersten beiden Eichenreihen hinein lugen konnte. Dort oben zu sitzen würde aussichtsreicher sein, als am Zaun zu stehen. Lautlos und bei gutem Wind hatte ich meinen Platz erreicht hatte, zögerte nicht lange, nahm den Stutzen zur Hand, drehte eine kleine Zielfernrohrvergrößerung herein und ließ laut und heftig einige Fieptöne erschallen. Nachdem die erste nur kurze Strophe sich über den Graben hinweg in die Dickung hinein geschwungen hatte, rauschte es darin auf, ein fuchsrotes Reh fuhr in hastigen flachen Fluchten an den Zaun heran. Eben hatte ich im Rund des Zielfernrohrs zusammengeschaut, dass es ein Bock war, da wandte es sich auch schon wieder jäh um. Seine heftigen Volte zeigte: Er hatte aus seinen Instinkten heraus erkannt, hier am Zaunesrand, zum hellen Weg hin, konnte kein Schmalreh gefiept haben. Er war getäuscht worden, und er wusste das! Der Zielstachel fuhr mit, hinter der zweiten Eiche gab's den Hauch einer Lücke, dort hinein schoss ich auf den schon arg schräg weggewandten Bock. Er stürzte lang hin, eine Flanke ging, dann versank der Wildkörper. Mühsam war's, mich hinüber zum Gestreckten über den Zaun zu wuchten, dann das Reh über die beiden Drähte stemmen, die wohl nachträglich gezogen worden waren, um das Eichengatter damwildsicher zu machen. Unbeholfen kletterte ich zurück und begann die rote Arbeit. Der Bock war blitzschnell gewesen, es war ein übler Schuss geworden. Das Geschoss hatte die Keule getroffen, dann den Wildkörper schräg nach vorn der Länge nach durchschlagen. Der Revierinhaber nahm es nicht krumm, dass ich den Eichenschänder-Bock als Dreiläufer anlieferte; denn die arg zerschossene Keule, – die Kugel mochte vor dem Auftreffen schon den Draht gestreift und sich bereits aufgepilzt haben, – hatte ich gleich abgeschärft, um die verwertbaren Reste für den Eigenverbrauch zu Rehgoulasch aufzuschneiden. Von jenem erfolgreichen Blattzeiterlebnis an gab es keine ärgerlichen weiß aufleuchtenden Fegestellen am Zaun mehr. Die Kultur ist inzwischen gelungen herangewachsen und frei gestellt worden. Der Bock trug knapp lauscherhohe glatte, regelrecht polierte Spieße mit schmalen, eine Gabelung andeutenden Graten. Der abgekochte Schädel und die Stirnzapfen zeigten allerlei Dellen, das Nasenbein war verbogen. Der Kiefer wies den Erlegten eindeutig als Zweijährigen aus. Wahrscheinlich hatte er zwei einsame Jahre in diesem kleinen Gehege sein Dasein gefristet, etliche Male den Ausbruch versucht und sich dabei Blessuren an Schädel und Nasenbein zugezogen.

Beim Verheilen solcher Kopfverletzungen, die das Wild nicht belecken kann, entsteht heftiger Juckreiz. Daraus mag sich erklären, dass der Bock mit seinem Gehörnchen so übereifrig eine Vielzahl von Jungeichen demoliert hatte. Auch vorher schon habe ich einen Bock erlebt, der in jede Staude, jeden Busch, ja ins bloße Hochgras hineinschlug und dabei sich unter heftigem Plätzen regelrecht in Zornausbrüche steigerte. Eines Abend nutzte ich dieses sein Verhalten, mich näher zu pirschen; jedes Mal, wenn er das Haupt zu erneutem Aggressionsaustoben senkte, kam ich längs einer schütter stehenden Erlenreihe ihm ein paar Schritte näher, bis ich schließlich den letzten Baum erreichte, dort anstreichen und den gerade eine trockene Distelstaude vom Vorjahr verschlagenden Bock mit einem fernhin gezielten Schuss strecken konnte. Am Erlegten erwies sich dann ein regelrechter, unter Kallusbildung bereits verheilender Schädelbruch. Über der Stirn unter den Rosen glänzte eine lederglatte Stelle in der Decke, das Gehörn hatte sich abnorm verzweigt und war vielfältig grob geperlt. – Der Eichengatterbock war mir weniger wegen besonderer Künste beim Musizieren auf dem Rehlocker zur Beute geworden, als wegen meiner Bereitschaft zum schnell entschlossenen Schuss nach wohl erdachtem Jagdplan. Beides gehört zur Blattjagd in den Hundstagen des August.

September – Jägermonat der Vielfalt

»Und könnt es Herbst im ganzen Jahre bleiben!« erklingt das alte Jägerlied. Am Ende des Monats September, der mein Geburtstagsmonat ist, beginnt der Herbst. Der September ist der Jägermonat schlechthin: Man kann die ersten Enten auf den Kuhlen oder an den Auen jagen, auf den letzten Rehbock des Jahres passen, Rot- und Damwild beider Geschlechter und aller Altersklassen sind frei, früh gefrischte Frischlinge haben bereits Jagdgewicht. Welche Hoffnungen und Chancen weckt doch der September! Dabei ist er noch ein wenig Teilhaber des Sommers; an schönen Tagen kann man im See schwimmen, oder gar in der Nordsee, die der Golfstrom und die Sonneneinstrahlung der Vormonate auf das Wattenmeer aufgewärmt haben. In der Feldflur besteht, falls nicht die inzwischen gewaltig sich ausdehnenden Maisschläge vorherrschen, wieder Übersicht. Wo ein Rübenschlag fettgrün glänzt, lohnt der Abendsitz auf das sich darin steckende Rehwild. Im Wald sammelt sich an den von den Vorjahren bekannten Einständen das von der sichtiger werdenden Feldflur zurückkehrende Wild. Die Hirsche schreien, und auch wer keinen Hirsch frei hat, kann auf die Kahlwildrudel des Rot- und Damwildes passen.

Ich will der Vielfalt des Septembermonats die Ehre machen, indem ich ein Jagderlebnis vom Zusammentreffen der Jagd auf Dachs und Reh berichte. Auf der höheren Flanke eines braunen Moorgrabens, der tief eingeschnitten bis in den Sandgrund das Moor entwässert, gab es seit eh und je einen Fuchsbau. Als Junge hatte ich die Fuchsspuren im hellgelb leuchtenden Sand vor den Einfahrten bewundert. Ein eigenartiges Gefühl gab das, von besonderer Spannung: Dieses heimliche, nur gelegentlich beim Ansitz von ferne gesichtete, oder auf den Treibjagden unter Treibergejohle und zahlreichen Schüssen unversehens auftauchende Wild drückte sich nun wenige Meter, fast in Armesreichweite, unter mir im Bau! Manchmal, wenn ich dort vorbei kam, verriet der beißende Duft unverkennbar und aufregend die Anwesenheit des Fuchses. Ich war auch dabei als wir, – das ist jetzt nach der Ausrottung der Tollwut in unseren Breiten schon lange Geschichte geworden, aber soll auch deshalb berichtet werden, – Gaskartuschen in den Bau einlegen mussten, um die Füchse und damit die gefährliche Seuche auf diese radikale Weise zu vernichten.

Einige Jahre nach dem Ende der Vergiftungsaktionen veränderten sich die Baueinfahrten: Sorgfältig geglättet, tief eingefurcht wie halb aufgeschnittene Wasserrohre zeigten sich die Einfahrten, einmal fand ich ein breites Trittsiegel mit tief eingekrallt sich abzeichnenden Vorderzehen. Schließlich stürmte eines Morgens, als ich auf Bockerkundungspirsch durch das Hochgras des zugewachsenen moorwärts führenden Torfweges streifte, ein graues mächtiges Tier vor mir her, fast wildschweinartig anmutend, verhoffte einmal mit empörter, selbstbewusster Miene aus schwarz-weiß-grau gestreiftem Gesicht zurückäugend, bevor es im Birkengewirr des Moores verschwand: Der Dachs war eingezogen in unser Revier!

Nach der Jägerversammlung, die diesmal spät im Mai lag, saßen mein Vater und sein Jagdkamerad mit den Nachbarjägern zusammen. Alle waren sie passionierte Niederwildjäger. Rehwild war in den fünfziger Jahren in dieser mittelholsteinischen waldlosen Region noch seltenes Wechselwild gewesen. Ihnen ging es aus ihrer Tradition um Hasen und Hühner, um den aufwachsenden Fasanenbestand. Der Fuchs sei wieder zahlreich, nachdem Tollwut und Vergasungsaktionen der Vergangenheit angehörten, und mehr und mehr begegne man dem Dachs. Er nutzte die aus Mitteln der Europäischen Union bezahlten, neu geschaffenen Spurbahnen, die als parallel laufendes Band, jedes doppelt treckerradbreit, die Feldwege wetterfest gemacht hatten. Förderung der Landwirtschaft lautete damals das Motto, als zigtausende von Flüchtlingen und Vertriebenen aus den deutschen Ostgebieten aufgenommen und auf kleinen Hofstellen weit draußen vor den Dörfern, zum Teil auf magersten Böden, angesiedelt worden waren. Dem Dachs jedenfalls geriet dieser Wegeausbau zum Vorteil: Für ihn waren die Spurenbahnen gleichermaßen Schnellstraßen, auf denen er tausende Meter von Knicks und Brombeerhecken in seinem so gemächlich erscheinenden, aber in Wahrheit flotten Dachstrott abkontrollieren konnte, rechts und links nach Gelegen des Federwildes, nach Jungwild, eben nach leicht erreichbarem Fraß windend. Die bei allem Tabakrauch und Biergenuss durchaus ernsthaft diskutierende Jägerkorona kam zu dem Ergebnis, dass zwischen Moorparzellen und fernem Forst allein drei Dachsbaue bekannt seien, in denen jeweils eine Fähe geheckt haben musste. Der nun zu erwartende Dachsnachwuchs sprenge, neben dem reichlichen Fuchs- und Steinmarderbestand, bei weitem die Grenze des Erträglichen. Die Schonfrist für den Dachs müsse ihr Ende haben!

Warum ich auserkoren wurde, den ersten Dachs des Reviers zu erlegen, ist mir bis heute nicht recht verständlich. Sicher ließ mein Vater mir gern den Vortritt. Der Gedanke, ein Stück Raubwild vor Wintereintritt zu bejagen, lag ihm ohnehin fern. Aber sein Mitpächter war ein passionierter Niederwildjäger, vor allem jedwedes Flugwild hatte es ihm angetan, und zu dessen Schutz und Mehrung bekämpfte er sommers wie winters Füchse und streunende Katzen, Krähen und Elstern mit großer Ausdauer und fernhin treffenden Hornet- oder Magnum-Kugeln. Seine Haare sträubten sich fast sichtbar, als mein Vater zu berichten wusste, er habe beim Bockansitz vergnügt einer mit ihrem Nachwuchs herumtollenden Fuchsfähe zugeschaut. Warum ließ auch er, dieser so passionierte Raubwildjäger, mir den Vortritt auf den Dachs? Vielleicht hatte in dem hinterpommernschen Gutsrevier seiner Familie, der muntere, mit seinem gestreiften Gesicht und seinem tollpatschig wirkenden Gebaren manchmal wie ein Clown in freier Landschaft wirkende Dachs zum von der liebevollen Hand des Gutsherrn geschützten Wild gehört? Solche Reminiszenzen an unbeschwerte Heimatjugend waren ihm heilig.

Mein Jagdauftrag bekam noch eine weitere hoffnungsvolle Komponente: Dieser sonst durchaus auf Rechte und Anteile pochende und bei entsprechender Stimmungslage manchmal nicht eben freigiebige Partner setzte hinzu, dass ein etwa aus dem Moor austretendes Reh ebenfalls auf meine Jagd-Auftragskarte zu setzen sei. Das schmale Moorstück grenzte rückseitig an die Nachbarjagd, in der weitere Moorparzellen und unendlich weite Wiesen und Weideflächen sich erstreckten. Die Nachbarn aber hatten gerade unsere Moorkante mit einer hohen Kanzel bestückt und bezogen diese nicht ungern, wohl weniger um an der Grenze den Wildbestand kurz zu halten als vielmehr, weil sie über einen befahrbaren Sandweg sehr bequem dorthin rollen konnten. So erschien es den Beständern angezeigt, dass es auch auf unserer Seite einmal knallte. Was lag näher, als dem jungen Jäger den langen Hin- und gegebenenfalls beutebeschwerten Rückweg an die hintere Moor-Ecke aufzutragen?

An dem zugewucherten ehemaligen Torfweg hatte ich in die Weidenbüsche eine Kanzel hineingezimmert. Der Begriff Kanzel stellt allerdings eine hochtrabende Bezeichnung für die von mir errichtete Konstruktion dar: Den aus Dachlatten zusammengehämmerten Unterbau hatte ich an den stärksten Weidenstämmchen teils festgenagelt, teils mit Draht befestigt und als Wind- und Regenschutz das ausgesonderte Dach eines Traktors montiert. Dieses Treckerdach hatte ich in einer der hauptwegnahen Moorkuhlen gefunden. Die Landwirte aus der Umgebung nutzen sie, um sich allerhand halbwegs verwitterbaren Abfalls zu entledigen. Steine, Dachziegel, Mörtelbrocken, Dachpappen, Reetdachreste, alte Holzbalken lagen dort, von Heide und Birkenauswuchs halbwegs zugewuchert. Es entbehrte nicht einer gewissen Ironie, dass über diesem von der unermüdlichen Hand der Mutter Natur inzwischen liebevoll zugedeckten Schandfleck ein ebenfalls angewittertes und eingewuchertes Schild aus Weißblech prangte mit der Aufschrift »Schuttabladen verboten! – Der Bürgermeister«. Wer sich von Berufs wegen mit Abfallbeseitigung im ländlichen Raum befasst hat, kann die durchaus spannende umweltschutz- wie verwaltungsbezogene Historie dieser Moorkuhle erfassen: Das Moor war abgetorft, wertlos für menschliches Nutzen, abgesehen vom Schneiden von Besenreisern, vom gelegentlichen Brennholzschlagen aus dem heranwachsenden Birkenbestand – und natürlich von der Jagd, die aber nur wenige Bauern selbst ausübten. Es lag nahe, dicht neben dem alten Hauptweg, über den die Torfsoden auf Wagen abtransportiert worden waren, eine der Moorkuhlen zur Müllgrube zu erklären. Allzu unordentlich sah es auf den Höfen aus, wenn hinter den Scheunen und nebenan in die Knicks hingeworfen wurde, was nicht mehr brauchbar war. Der Bürgermeister organisierte also eine geordnete Beseitigung: Aller Abfall sei in die nutzlose alte Torfkuhle am Hauptweg zu schaffen. Die Bauern fügten sich unter seine Regie führende Hand, und so füllte sich die Senke. Dann erreichte die Idee des ökologischen Umweltschutzes Politik und Behörden. Diese Idee ging weit über den Zweck einer Müllbeseitigung hinaus. Die Grünen, wie man auf dem Dorf sagte, schlugen die Hände über dem Kopf darüber zusammen, was alles dort an hochwertvollstem Natur-Ort, zudem mit Grundwassereintrag, lag. Unter höherer behördlicher Hand erwuchs nun ein System von Deponien im ganzen Land, – das heute durch Verbrennungsanlagen weitgehend ersetzt ist. So kam der örtliche Bürgermeister, sicher der Nach-Nachfolger des Initiators dieser wilden Deponie in die Rolle, die ehemalige Gemeinde-Schuttkuhle zum geschützten Gebiet zu erklären und eben jenes Blechschild an einem sorgfältig mit Verwitterungsschutz eingepinseltem Pfahl in den Moorboden zu rammen. Über das alles war längst Gras – oder in diesem Fall: Heide und Benthalm – gewachsen. Nur das Verbotsschild fiel noch ins Auge. Das Schild samt dem Pfahl ließ sich gut herausziehen, und ich verwendete es später mehrere Male, wenn mir meine Büchse irgendwo angeschlagen war, um einen Kontrollschuss darauf abzugeben, indem ich in das »o« des Wortes »verboten« Ziel fasste, in dessen Rund sich das Fadenkreuzabsehen meines Zielfernrohres so exakt hinein platzieren ließ.

Dort jedenfalls entdeckte ich, mit Hund und Flinte herumstromernd, den Traktorfahrerschutz, bestehend aus den metallenen rückseitigen Befestigungsstreben, einem noch nicht völlig verwitterten Planendach und einem durch einen längst festgerosteten Gelenkmechanismus an dem Dach befestigten vergilbten Kunststofffenster. Diese Konstruktion war sicherlich ehedem für ein Ackerfahrzeug eine hochmoderne Ausstattung gewesen. Jahrzehntelang wird sie den stolzen Fahrer vor hochgeschleudertem Dreck, Blütenstaub und vor allem Regen geschützt haben. Nun sollte sie mir noch nützlich werden: An einem Frühlingstag, als der Wind die Moorweiden abgetrocknet hatte, schaffte ich das Objekt im Kofferraum meines kleinen Wagens, – die Klappe musste offen stehen bleiben, – zu meiner windschiefen Hochsitzkonstruktion und befestigte es in der Weise, dass ich die ehemals rückwärtigen Streben nach vorn montierte. Der wackere, mit Geduld gerüstete Waidmann konnte nun, im Nacken durch das Kunststofffenster vor Zugluft, über dem Kopf durch das verwitterte, nur geringfügig durchlöcherte Planendach so ziemlich vor Regen geschützt, aber mit freier Aussicht nach vorn, links und rechts dort seiner Passion frönen, während hin und wieder sich die ganze Konstruktion im Windzug sanft mit den Weidenbüschen wiegte. Nach und nach überwucherte die kugelige Weide das hässliche Bauwerk, so dass es im Sommer das Auge nicht mehr beleidigte und einer gewissen Romantik nicht entbehrte. Ein Jagdgast kam von dort einmal mit der Bemerkung zurück, der ihm zugewiesene Ansitzplatz habe ihn an die Gemälde von Spitzweg erinnert. Mich überraschte, dass er, ein ebenso begnadeter wie urtümlicher Jäger, etwas von Spitzweg wusste. Der Hochsitz hatte jedenfalls seinen Namen weg: die Spitzwegkanzel.

Sie stand knapp vor der ehemaligen Fuchs- und jetzigen Dachsburg, deren Röhren in die Grabensohle hinab liefen. Auch jenseits, zu den angrenzenden mageren, zum Rand hin lückenhaften Futterrübenreihen liefen regelrechte Passfurchen. In dem Rübenschlag wiederum war jetzt im Herbst, nachdem die Getreidefelder abgeerntet waren, Rehwild zu erwarten, sei es, dass es darin in einem sonnigen kleinen Sandbett bereits saß, sei es, dass es des abends aus dem Moor auswechselte.

Ich strebte also rechtzeitig an der Zeile der dicken Zaunpfähle des Quergrabens entlang, dann – die Weidenbüsche als Deckung nutzend – zügig, aber leise dem Hochstand zu und glitt geräuschlos in die mannshohe Konstruktion unter dem alten Treckerdach. Es war ein für Jägeraugen fantastischer Blick, der sich auftat. Zur Linken die schon wieder halbwadenhoch aufgewachsene Moorwiese mit letzten gelben Hahnenfußlichtern und herbbraun welken Sauerampferstauden, zur Rechten die fett glänzenden Rübenstauden und weiter dahinter ein gepflügter Stoppelacker, über dem ein feiner dichter Grünschleier auskeimenden Ausfallgetreides lag. Dahinter auf ganzer Breite ernst und heidebraun das Moor, überglänzt von weißen Birkenstämmen und lichtem Laubschimmer. Beschattet von dem Planendach, geborgen von unendlich vielen Weidenzweigen saß ich sichtgeschützt. Ich hatte die Handschuhe übergestreift, dass ja kein Leuchten der das Fernglas hebenden hellen Hände mich einem etwa aus der Moorkante heraus in die freie Feldmark verhoffendem Wild verraten konnte, den Drilling zurecht gelegt und war mir sicher: hier würde heute Abend Wild kommen, was immer es auch sei. Durchs Fernglas blickend erkannte ich jenseits des Kopfendes des Rübenschlages zwei tiefbraune Einschnitte im Grasgrün der Moorkante. Kein Zweifel – das waren vielfach begangene Wildwechsel.

Dort trennte, vom nicht eben hohen Ansitzplatz uneinsehbar, ein tief eingefräster Entwässerungsgraben das Moor von den Ländereien der Bauern. Als ich den Hochsitz vor längerem errichtet hatte, war der Nachbaracker wie in diesem Jahr mit Rüben bestellt. Seinen Eigentümer, einen Aussiedlerbauern, den der Krieg aus Pommern hierher auf die holsteinische Geest verschlagen hatte, traf ich bei einer Kontrolle des Fuchsbaues, als er seine Rüben, damals noch von Hand, durchhackte. Er ließ lobende Bemerkungen über meine Hochsitzkonstruktion und die sinnvolle Verwendung des Daches seines längst verschrotteten Treckers fallen. So sei doch alles halbwegs Brauchbare noch zu irgendetwas nutze. Das war die Mentalität dieser auf kaum zwanzig Hektar großen Höfen auf mageren Böden an den Moorrändern wieder angesiedelten Heimatvertriebenen. – Fuchsspuren fand ich nicht, wohl aber zahlreiche Rehfährten. An diesem Tag war der Platz durch die Feldarbeit gestört, aber wenige Tage später empfahl ich ihn meinem Vater und bezog nicht weit entfernt einen anderen Ansitz. Bei anbrechender Dämmerung vernahm ich den hellklingenden Knall der 6,5 seines Drillings und machte mich auf, beim Bergen des gestreckten Wildes zu helfen. Vater kam mir quer über die Moorwiese entgegen; an der Art, wie ihm das schwere Gewehr von der Schulter baumelte und wie er verhalten dahinlatschte, erkannte ich, dass er Trübsal blies: Er hatte auf ein Rehkitz geschossen, aber weder das Stück noch überhaupt den Anschuss in den Rüben gefunden. Er war damals schon ein älter gewordener Jäger; ein gelungener Schuss war ihm Bestätigung, dass er noch bei Entschluss- und Tatkraft war, ein Fehlschuss hingegen ein böses Omen. Ich schlug vor, ehe dass wir den Hund herbei holten, noch einmal zu seinem Ansitzplatz zurück zu gehen; er sollte mit entladenem Gewehr hinüber visieren in die Rüben, akkurat dorthin, wo das Stück gestanden hatte, und ich würde versuchen, nach seinen Handzeichen den Anschuss zu finden. Als seine Hand auf Halt ging, leuchteten mir einige hellrot-gelbe Schweißspritzer entgegen. Aber von dem Rübenblatt weg, auf dem sie wie hingetuscht lagen, war die Wundfährte nicht zu halten. Schließlich umschlug ich den Anschuss und trat an den Moorgraben heran. Wenn das Stück ihn überfallen hatte, musste es dort aus der dazu notwendigen weitgreifenden Flucht heraus Schweiß verloren haben! Der Graben war dicht von einer Entenflottdecke bedeckt, die im Dämmerlicht fahlgrün aufleuchtete. An einer Stelle hatte der Pflanzenteppich eine ins Auge fallende kreisrunde braune Fehlstelle.

Ich erinnerte mich an eines meiner ersten Rehjagderlebnisse. Damals war ich noch Schüler und fror, wir schrieben die Tage der Eisheiligen, – erbärmlich auf der hohen Kanzel in den Käthnersgraben-Wiesen neben meinem Vater. Drei Böcke standen dort in einem aus dem Winter zusammengebliebenen kleinen Trupp zusammen. Man konnte sie allabendlich sehen, aber in den fast eigenjagdgroßen weiten Wiesen waren sie mal hier, mal dort und schwer abzupassen. Dass überhaupt alle drei Rehe Böcke waren, wurde uns von Ferne Beobachtenden klar, als einmal der mittlere, ein junger Gabler mit dem geringsten Reh, das keinerlei Gehörn zeigte, Haupt gegen Haupt eine Rangelei begann, während der älteste und stärkste, ein prahlender Zukunftssechser, zuschauend abseits stand. Stirn an Stirn streiten sich nur Böcke. Der Geringe musste also ein Knopfbock sein! Ihm galt nun unser Streben! Vater war hochmotiviert, den Knopfbock zu erlegen. Diese Motivation hatte folgende Quelle: Von dem auf diesen Blättern eingangs schon beschriebenen, wortreich als Trophäenbeurteiler zu Werke gehenden und dabei sich in erheblich leuchtende

Kopfesröte steigernden Kreisjägermeister war Vater im Vorjahr abgerüffelt worden. Das von ihm vorgewiesene Gehörn eines mäßigen Jährlingsbockes wies nämlich Gablersprossen von der Länge eines Kleinfinger-Gliedes (nicht: von der Länge eines Kleinfingers) auf; deswegen, so der hochnotpeinlich näselnde Kritiker, hätte er noch mindestens ein Jährchen leben bleiben sollen, auf dass man seine Entwicklungschancen zum kapitalen Bock weiter beobachte! Vater trachtete nun danach, in diesem Jahr dem Kreisjägermeister einen Knopfbock zu präsentieren. Das Abkochen und Aufsetzen der Minigehörne von Knopfböcken bewertete er, der in den reichen Jagdgründen Schlesiens groß geworden war, als absoluten Nonsens. Eine Amtsperson, die sich herbei ließ, diese sogenannten Trophäen auch noch Stück für Stück zu beäugen und die daran hängenden grünen Zettel mit den Namen der Erleger vorzulesen (so gingen damals Hegeringversammlungen vor sich!), war für ihn die lächerlichste Figur, die sich jemals in einen grünen Lodenanzug geworfen hatte. Kurz und gut: Vater wollte aus dem Mund des selbsternannten Rehwildexperten hören, – der mit ihm gleich alt und wie er Schlesier war, – dieser Bock sei tatsächlich absolut zu Recht gestreckt worden. Schieflachen würde er sich über ihn, wie er sich durch das kleinkarierte Beurteilen von ebenso Selbstverständlichem wie Unwichtigem, eines Rehschädels ohne jedes Gehörn, selbst zur Bedeutungslosigkeit herabqualifizierte und lächerlich machte.

An jenem kalten Nacheisheiligenabend kamen die drei, von einem Fischreusensteller angerührt, der weit hinten in den Wiesen werkelte, unserer Erlenkanzel näher und näher. Schließlich wagte mein Vater, nachdem er ewig abgeschätzt und gezielt hatte, den Schuss. Danach stand eine kleine Dunstwolke in der Wiese, und es waren nur noch zwei Böcke auf der Bildfläche, die ratlos verhofften und schließlich staksend davonzogen. Da baumten wir ab und machten uns im hohen Gras, schließlich unterstützt von dem auf den Schussknall hinzugekommenen Jagdpartner und seinem Sohn, auf die Suche nach Anschuss und Bock. Aber das Gras war hoch, und in der von Quergräben durchzogenen Wiese sah alles gleich aus. Schließlich bildeten wir eine Kette wie auf der Hühnerjagd, – einen Hund führten wir damals, kurz nach der Anpachtung des Reviers, – noch nicht, und suchten systematisch. Der Sohn unseres Freundes fand schließlich das Böckchen. Die Kugel, hoch Blatt auftreffend und jäh tötend, hatte es in einen der Quergräben hingeworfen, die nur gut einen Fuß breit waren. Die üppigen Wiesengräser hatten sich über dem schwachen Reh wieder geschlossen. Sicher hätte auch ein Hund Mühe gehabt, das Wild zu finden, denn ein Unterwasserreh gibt bekanntlich keine Witterung ab. Der Unterkiefer des Knopfers wurde übrigens zusammen mit der Minitrophäe abgekocht und später viel bestaunt: der Bock sei mindestens dreijährig bei dem Verschliff! Das sauber auf ein dunkeleichenes Brett aufgesetzte Gehörnchen existiert heute, nach Jahrzehnten, noch. Aber leider habe ich den Unterkiefer verloren. Heute meine ich, es sei ein Jährling gewesen, noch mit vollständigem Milchgebiss, das bei einem ein Jahr alten Reh kurz vor dem Wechsel zum Dauergebiss selbstverständlich deutliche Abnutzung aufzeigt.

An dieses Jungjägererlebnis, das sich mir wie alle Ersterfahrungen tief eingeprägt hatte, erinnerte mich, und wies meinen hinzugekommenen Vater mit dem ausgestreckten Zeigefinger, schon bevor wir näher herantraten, auf das Loch in der Entengrütze hin: »Dort liegt dein Reh!«. Er schaute mich auflächelnd an und eine Minute später zogen ein junger und ein alter Jäger ein patschnasses Reh aus dem Moorwasser. Alles wertvolle Wildbret schonend hatte die Kugel es sauber hinter dem Blatt durch die Rippen getroffen. Mein Vater konnte so dankbar sein für ein solches an sich kleines, aber unvergessliches Jagdabenteuer: Einer seiner nicht eben recht zahlreichen für das Jagen freien Abende war zu einem erfreulichen und außergewöhnlichen Abschluss gelangt! Zudem hatte er mich dabei, was an sich ihm schon eine Freude war, damit zugleich aber auch einen Helfer, der die rote Arbeit und die Aufgabe des Trägers durch die weiten Wiesen bis zum Moorhauptdamm übernehmen konnte. Noch des Öfteren haben wir später, wenn es um Nachsuchen ging, vom »Wasserreh« gesprochen.

An dieses liebenswerte Ereignis dachte ich, als ich hinüberschaute zu den braun in den Moorboden eingeschnittenen Wechseln. Ich hatte den Drilling, den gleichen, mit dem damals der Vater gejagt hatte, bereit gegen die Brüstung gelehnt, falls der Dachs käme, groben Schrot in beide Schrotläufe geladen und genoss meinen gut getarnten windgeschützten Ansitzplatz. Alsbald leuchtete es rot in den Rüben, dann stand noch ein Stück auf und noch eines. Es war nicht schwer, durchs Fernglas zusammen zu buchstabieren, nachdem die drei Rehe sich reckend und streckend und hier und da äsend alle einmal gewendet hatten, dass ich eine Ricke mit Bock- und Rickenkitz vor mir hatte. Ich zögerte nicht lange, tat den gleichen Schuss, den damals der Vater getan hatte, sah den abflüchtenden Rehen nach, drei waren es in den Rüben, zwei nur noch, als sie jenseits des Grabens den Moorhang hinauf preschten. Ich ging gleich zum Graben hinüber. Die Duplizität der Fälle ging aber nicht so weit, dass mein Stück auch in die braune Grabenbrühe gestürzt war. Es hatte die Flucht über das Wasser noch genommen, lag drüben im Hang. Ich füllte mir die Stiefel voll, als ich zu kurz sprang, um es aufzunehmen.

Den Aufbruch ließ ich auf der Moorkante liegen, ohne allerdings sicher zu sein, ob der Dachs überhaupt Aas aufnähme. Ich beschloss, einige Tage später wieder zu kommen. Wiederum der bergende Ansitz auf Spitzwegs Kanzel, der orangefarbene Abendschimmer hinterm Birkenmoor, und dann ein Rumpeln und Rauschen in den Rüben! Da stand er, breit, hoch aufgerichtet, der Dachs! Ich schob im sachten Hochnehmen des Drillings die Schrotsicherung auf Feuer, fasste den Dachs im Zielfernrohr und schoss. Das grauweiße Wild stob durch die Rüben davon, dass es nur so krachte und spritzte! Verblüfft lud ich nach. Reichte Schrot nicht, um auf vierzig Schritt Entfernung einen Dachs zu strecken? Während ich noch überlegte, was nun zu tun sei, gab es wieder dieses Rumpeln und Rauschen in den Rüben, und ein Stück weiter sicherte der Dachs auf einer Fehlstelle in den Rüben. Diesmal sandte ich die Kugel hinüber, und wenige Minuten später schleppte ich meine Beute mühsam über die weiten Wiesen davon.

War es vielleicht das Wissen um das Gewicht dieser ständig der zugreifenden Hand entgleitenden Beute, die meine beiden Jagdsenioren veranlasste hatte, die Erlegung des ersten Dachses des Reviers mir zu übertragen? Jedenfalls hatte ich große Mühe, das Wild zu bergen. Später gab es noch eine besondere Freude: Ein Freund, den ich in meine jagdlichen Hoffnungen eingeweiht hatte,- jägerische Vorfreude ist besondere Freude, – hatte mir gesagt, wenn ich einen Dachs schösse, so habe er einen Interessenten für das Dachsfeist. So lieferte ich den Dachs ab und bekam einige Zeit später als überraschendes Entgelt die Schwarte ausgehändigt. Wie eine Sommer-Sauschwarte erwies sich auch diese Dachsjagdtrophäe als haltbares Erinnerungsstück an einen Jagdtag im vielfältigen Jägermonat September.

K.-P. Reif

Oktober – Herbsthochwasser und ein Wasserfasan

In unserem nördlichsten Bundesland hat der Oktober zwei Seiten: Mit der einen Hand schenkt er letzte Herbsttage mit unendlich hoher Himmelsbläue, darunter hin ziehende mächtige watteweiße Wolkenbänke, erwachend aus tau- und häufig schon reifglänzenden, vom Schönwetterdunst übersponnenen Morgen, und endend in glasklaren, an den Winter gemahnenden Sternennächten. Der Oktobermond ist, wenn es aufklart, der erste, der dem nächtlichen Sauenjäger Hoffnungen verheißende hinreichende Sichtverhältnisse bietet. Mit der anderen Hand beschert der Oktober dem norddeutschen Tiefland fast regelmäßig einen ersten Herbststurm, Ankündiger des Winters. Im abendlichen Fernseh-Wetterbericht kommen die ersten Sturmflutwarnungen und Meldungen vom Landunter auf den Halligen. Dann streichen die Enten in großer Zahl hinter die Deiche, den Elbestrom und die Flüsse hinauf, von den Sturmvorboten des richtigen, ernsthaften Herbstes und des Winter vor sich her getrieben. Diese ersten Tiefeinbrüche sind nicht von langer Dauer, und nach Sturm und Starkregen glänzen unter wieder blankgeputztem Himmel blau und silbern Wasserblänken auf den noch grünen Niederungswiesen. Der nachsommerlich üppige Gras- und Schilfbewuchs hält das Wasser fest, und so bleiben dem Jäger einige Tage, die besonderen Chancen zu nutzen, die der Jahresumschwung beschert. Hasen, Fasanen, Hühner, Rehe verlassen, wenn auch nur für die kurze Überschwemmungsphase die Niederungen, dafür halten Enten und neuerdings in großer Zahl auch Gänse dort Einzug. Die neu entstandenen Flachgewässer bieten ihnen üppige Nahrung.

Entenjagd, – allzeit ein magisches Wort für mich! Die klugen und schnellen Wildvögel zu überlisten, den richtigen Stand nach Wind, Äsung, Deckung an diesen Wasserblänken zu finden, an denen die Enten des Abends mit Sicherheit kommen werden, – man musste nur richtig stehen, – das war Jagd!

Nach einer solchen ersten Herbststurmwelle rollten wir hinaus ins Revier. Tatsächlich, die Au-Wiesen standen unter Wasser! Zwischen den noch im Herbstlaub braun und gelb leuchtenden Knicks glänzte das Stauwasser herauf! Als wir neben dem Fahrzeug in die Gummistiefel stiegen, stolzierten drei Fasanenhähne entlang der Erlenreihe, die nächst dem Wassersaum stockte, und liefen dann, eilends gefolgt von mehreren als sandbraune Schatten ihnen nachhuschenden Hennen in den dicken Knick hinein, der just von unserem Rüstplatz hinab in die Wiesen führte. Wir hatten noch gar nicht durch die Ferngläser geschaut, ob auf dem Wasser bereits Enten lagen; jetzt entschieden wir erst einmal, den Wasserfasanen zu Leibe zu rücken. Die Überschwemmung hatte sie aus den Schilfstreifen der Gräben und dem Bahndamm in die Dorfnähe hinauf gedrückt, dessen Linie sich jetzt wie der nach der Nordseeinsel Sylt durchs Wattenmeer führende Hindenburg-Damm quer durch die weiten Hochwasserflächen hinzog.

Ich überließ meinem Vater die dorfseitige, höher gelegene und deshalb trockenere und leichter begehbare Flanke des mit Eichenüberhältern, Dorngebüsch und dichtem Hartgras bestandenen Knicks, ermahnte die Hündin, ruhig zu suchen, als sie, eben dem Wagen entsprungen, davon preschen wollte. Langsam stapften wir abwärts. Diese Jagd war ein sicheres Unterfangen: die Fasanen konnten nicht durchs Wasser davon, würden sich im dichten Knick drücken und vom Hund vorgestanden werden. Der Wind stand uns halb ins Gesicht, so würde der Hund nicht gezwungen sein, bogenschlagend sich Wind zu holen und dabei womöglich das Wild herausprellen, sondern unter unseren Flinten voran arbeiten. Es war kalter klarer Wind, wie immer nach einem Sturmtief, der nach dem Meer und nach seiner Weite und Reinheit duftend von der norwegischen See ins Binnenland herein schlug. Das bedeutete erstklassige Bedingungen für die Suche vor dem Hund wie für den abendlichen Entenanstand und zugleich einen Naturgenuss sonder Gleichen. Noch heute liebe ich diese Tage, seit mir schon als Junge bewusst geworden ist, dass man an ihnen auch im Binnenland das – freilich nicht allzu ferne – Meer förmlich riechen kann!

Jetzt stand der Hund vor, stieß das Wild heraus, als wir näher kamen. Ich hörte es drüben aufpurren, dann meinen Vater mit deutlich enttäuschtem Unterton ein halblautes »Henne« sagen. Schon stand der Hund wieder vor, kurz vor dem Zusammenlauf des Eichenknicks mit der Erlenreihe. Ich rückte heran, trat gegen eine Brombeerranke, und diesmal verkündete lautes Gockeln, dass es ein Hahn war, der aufstieg. Es knallte, der Hund hechtete durch das Rankengewirr hinüber, und ich vernahm auch ein dumpfes Aufplumpsen, dann ein »So brav!«, und schon zwängte der Hund, Hahn im Fang, sich zu mir herüber. Dabei stieß er einen weiteren Hahn, diesmal zu mir, heraus. Flach und schnell glitt der buntschillernde Vogel zu der Erlenreihe hinüber, um rasch deckende Zweige zwischen sich und die Jäger zu bringen. Er hatte den die Wasserebene in der Ferne durchschneidenden Bahndamm zum Ziel. Die Mündung meiner Flinte folgte ihm! Jetzt eine Lücke, dann grünbrauner Erlenstamm, wieder eine Lücke – jetzt galt es! Bei solchen Lückenschüssen schwingt die Flinte wie von selbst vor, und so brach der pfeilschnelle Flug des Hahnes jäh ab und es gab hinter der Baumlisere einen kräftigen Aufklatscher. Der Hund setzte durch die Erlen und – kam mit leerem Fang zurück. Wir zogen nach, dieweil der dritte Hahn und zwei Hennen dem nahen reetgedeckten Bauerngehöft zurannten und im Obstgarten Deckung nahmen. Fern draußen stieg buntschillernd ein Entenschoof auf und kreiste hoch über dem Wasser. Als ich mich durch den Querknick gearbeitet hatte, stand dort, mit ratlos schief gehaltenem Kopf mich an-äugend, der Hund. Was er mir zeigen wollte, war auch wirklich verwunderlich: Hier im Wind- und Baumschatten hatte sich mit dem im Nordwind aufkommenden Frost der letzten Nacht dünnes Eis gebildet und darauf lag, ein wenig eingesackt, eine halbe Schrotschusslänge entfernt der Hahn. Der Hund brach sofort ein, wenn er temperamentvoll voranschnellend ihn erreichen wollte, hatte sich auch schon einige Meter voran gestrampelt. Aber das Wasser war weiter draußen in der Wiesensenke tief, und schwimmend konnte die Drahthaarhündin trotz allen Kraftaufwandes das Eis nicht knacken.

Noch beratschlagten wir, wie wir der Beute habhaft werden könnten, da nahte von der Reetdachkate her mit schlurfenden Gummistiefelschritten der Altbauer. Alle alten Bauern dort schätzten meinen Vater und ließen es sich nicht nehmen, ein kleines Gespräch mit ihm zu beginnen, wobei es an humorvollen Bekundungen beiderseits nie fehlte, und auch nicht an einem Griff in das lederne Zigarrenetui, – es dient mir heute als Patronenetui, – das Vater stets für solche Begegnungen mit sich führte, wiewohl er selbst längst, mit dem Tag der Geburt meiner Schwester, Nichtraucher geworden war. Das Gespräch an jenem Hochwassertag lief nach dem geschilderten Drehbuch ab und endete auf Seiten des Alten mit einem »Na Doktor, Schießen ist das Eine, Treffen das Andere, aber Ran-

K.-P. Reif

holen das Dritte! – Was krieg ich, wenn ich ihn hole?« Es war klar, worauf die Frage abzielte, und prompt antwortete mein Vater: »Wenn Sie vielleicht den Hahn möchten…?«. Wortlos stieg der Mann aus den Stiefeln, watete vom ungläubig staunenden Blick des Hundes begleitet, durch Wasser und aufklirrendes Dünneis hinaus, so dass es ihm die braune Cordhose bis über die Knie durchnässte, und apportierte den Hahn. Stolz ihn in der Rechten hochhaltend, meinte er noch: »Tja, ich hab es näher zur warmen Dusche als ihr!« und schritt, Hahn in der einen, Gummistiefel in der anderen Hand, auf im wahrsten Sinne des Wortes quatschnassen Wollstrümpfen der Reetkate zu, während der Hund protestierende Mieflaute von sich gab.

Wir verzichteten darauf, untereinander zu diskutieren, ob wir nun zu fünfzig Prozent Erfolg gehabt oder zur Hälfte Verlust gemacht hatten und entschieden uns, im Binnenteil des Reviers den Abendanstand zu beziehen, wo sich eine von zwei Flinten überschiessbare und somit nicht allzu große Wasserblänke gebildet hatte. Hier hatten die Sonnenstrahlen und der Strömungssog des Entwässerungsgrabens die Eisbildung verhindert. Es war spät geworden, letztes Licht. Keine Ente lag auf dem Wasser, als wir unsere Stände bezogen. Aber dann, eben noch gegen den lichtgrauen Herbstabendhimmel wahrnehmbar, strich eine Einzelne heran, ließ sich ohne einen sichernden Rundflug arglos vor meinem Vater nieder, nahm das Heben seiner Flinte wahr, stieg paakend wieder auf und fiel im Schuss herabklatschend zurück. Im allerletzten Spätlicht kam noch einmal ein Schoof, und auch dieses setzte vertraut zur Landung an, hielt seine Linie durch den letzten Silberschimmer am schon nächtlich düsteren Himmel, so dass es mir noch reichte, Ziel zu fassen und vorzuschwingen. Ob ich getroffen hatte, war nicht mehr zu erkennen, aber das Wasserplanschen des Hundes verriet es mir. Nachdem er beide Enten gebracht hatte, zogen wir wagenwärts: zwei Jagdgefährten im Gespräch, glücklich über ein kleines Jagdabenteuer draußen bei Wind und Wasser.

Der Oktober ist auch der Monat, in dem die Bahn des Mondes wieder näher an der Erde vorbei führt. Mondklare Nächte sind dann hell genug, um Wild zu beobachten und es auch waidgerecht bejagen zu können. Im Oktober sind auch die Frischlinge stark genug, eine befriedigende Jagdbeute abzugeben. Auf diesen Monat warten die passionierten Ansitzjäger, die Beschicker von Kirrungen und Anleger von Malbäumen. Aber der Oktober ist, wie eben geschildert, auch der Monat der ersten Herbststürme und der von ihnen mitgeführten sich jagenden Regentiefs. Treffen

Vollmond und goldener Oktober nicht zusammen, sondern die andere Seite des Herbstes zeigt sich, so gehen des Jägers Hoffnungen in Dunst und Dunkel unter. Nach einem solchen Regentief machte ich mit der Vielfalt des Monats Oktober aus Jägersicht besondere Bekanntschaft: Ein Tief war durchgezogen, der noch heftige Wind sollte sich nach den Verlautbarungen des Wetterberichtes gegen Abend beruhigen. Die grauen Wolkenfahnen vor dem Bürofenster zerfaserten sich, blauer Himmel schaute endlich wieder durch. Neben der Wetterkarte in der Zeitung steht auch der Mondkalender. Danach hatten wir bereits Dreiviertelmond. Die finsteren Nächte der Unwettertage hatten mich den zunehmenden Mond vergessen lassen. Heute würde es eine gute Jagdnacht werden, mit Mondlicht und Mondschatten. Da zieht das Wild, zumal wenn die Einstände im Wald nach langen Regentagen bis in die Nadelstreu hinein durchweicht sind und es überall noch kühl und zudem das feine Gehör des Wildes irritierend von den Bäumen tropft. Aber ich hatte seinerzeit keinen eigenen Jagdbezirk, und die erhofften Einladungen waren bislang ausgeblieben.

Eben wollte ich Büro und Telefon für die Mittagspause verlassen, da erreichte mich der Anruf eines Jagdpächters. Seine Jagdgründe waren durchsetzt von kleinen Moorparzellen und Wiesensenken. Auf den Torfkuhlen und Teichen in diesen Revierecken wurden über den Sommer allerlei Enten groß. Dann, Ende August, so hatte er festgestellt, zogen die meisten fort, wohl auf die großen Seen Ostholsteins. Nach den ersten Stürmen draußen in den Marschen und auf der See aber war der Entensegen wieder da. Anhand beringter Enten, die bisweilen zur Strecke kamen, hatte er festgestellt, dass es sich nicht um Wiederkehrer handelte, jedenfalls nicht überwiegend, sondern um aus dem Norden hinzustreichende, von den ersten Stürmen, Vorboten des Winters, ins Binnenland herein verschlagene Enten. Die von ihm wohlvorbereiteten Entenjagden gingen in der Weise vonstatten, dass zunächst die aussichtsreichsten Kuhlen umstellt und die abstreichenden Enten bejagt wurden. Danach schwärmte, zum Abendstrich sich verteilend, die Jägermannschaft an die einzelnen Wasserstellen wieder aus. Der Plan setzte darauf, dass die am Nachmittag hochgemachten Enten am gleichen Abend wieder kommen und, wenn man sie beim Einfall an der gewohnten Stelle beschoss, auf nahegelegene Gewässer ausweichen würden. So sollten die Schützen einander das Wild zudrücken. – Nach einer solchen Aktion wurde an den bejagten Gewässern wochenlang Ruhe gehalten, bis sie sich ein zweites und drittes Mal wiederholen ließ. Mehr allerdings, etwa allwöchentliches oder gar allabendliches Anstellen am gleichen Platz, duldete der Revierpächter nicht. Eine stattliche Jahres-Entenstrecke gab seiner Strategie Recht.

Die Einladung nahm ich mit Freude an. Kaum hatte ich den Telefonhörer aufgelegt, da erreichte mich ein weiterer Anruf, wonach ich in einem Waldrandrevier die Mondnacht verbringen sollte. Alles, so dieser Jagdherr wörtlich, vom Hasen bis zum Rotwild, sei frei! Man kann eine Jagdeinladung schlecht wegen einer anderen absagen. Abgemacht ist abgemacht! Den Enten gebührte heute der Vorrang. Geistesgegenwärtig fragte ich aber nach, wann denn wohl mit dem Auswechseln des Wildes aus dem Forst zu rechnen sei. Der Jagdherr meinte wohl, eine berufliche Verpflichtung hielte mich bis spät im Amt fest. Vor der achten Abendstunde, beruhigte er mich, bräuchte man nicht zu kommen. Stattdessen müsse der für diesen Abend auf den Kiefernhochsitz Entsandte lange sitzen bleiben. Ich verstand, was er erwartete, nämlich die Chancen des aussichtsreichen Abends auszunutzen. Ich überlegte kurz: Wenn ich nach dem Entenjagen mich nicht allzu lange bei der Gulaschsuppe aufhielt, ließen sich beide Einladungen annehmen. So sagte ich zu und schleppte die Büchse und den Nachtansitzoverall zusätzlich zu Flinte und Patronengurt ins Auto.

Im Feldrevier ging noch heftiger Wind. Ich nahm an, dass die Enten von der Moorkuhle, die wir umzingeln sollten, mit Rückenwind zum offenen Feld hinaus abstreichen würden und nahm es gerne auf mich, über den aufgeweichten Boden weit hinaus vor die Feldseite des kleinen Restmoores auszulaufen. Golden leuchtete der Schleier des schon dünn gewordenen Birkenlaubes, dazwischen weiß die schlank aufstrebenden Stämme, rot und braun standen einzelne Ahorn, das Moorgras stockte in allen Schattierungen zwischen sandgelb und düstergrün. Eratmend lud ich eben meine Querflinte, da war schon Hundelaut, Planschen, Flügelschlagen zu vernehmen. Seitwärts fielen drei, vier Schüsse. Dann erhob sich mit diesem eigenartigen, fast einem Peitschenknall gleichenden Schwingengeräusch, das entsteht, wenn sich viele Wasservögel auf einen Schlag erheben, eine Entenwolke. Braun und grau, – das waren Nordische, wie man zu sagen pflegte, – kam sie auf mich zu. Ich hatte wenige Tage zuvor die Flinte erworben, wollte sie an diesem Abend erstmals auf der Jagd erproben. Jetzt wurde mir das noch ungewohnte Gewehr zum Handicap: Ich spürte, dass ich dem pfeilschnell heranstreichenden Wild nicht rasch genug entgegen schwang; so ging der erste Schuss fehl, – dabei gibt es kaum einen leichteren Schuss als den auf spitz anstreichendes Federwild, – aber im Seitwärtsdrehen bekam ich mehr Schwung; eine der Grauen faltete die Schwingen zusammen und stürzte ins nasse Gras der Viehweide.

Nach kurzem Sammeln verteilten wir uns erneut. Mehr und mehr riss die Wolkendecke auf, ein Hauch von Abendrosa überzog das Herbstblau des Himmels. Die Luft beruhigte sich mehr und mehr. Ich wurde zur in die Wiesenebene auslaufenden Spitze eines Moores hingewiesen, sollte mir meinen Platz dort selbst wählen. Dort könne nur ein Schütze stehen. Ich stapfte hinüber und sah gleich, das war ein guter Jagdplatz! Aus der Spitze entwässerte das Moor in die Wiesen, der Ausfluss hatte sich zu einem kleinen Teich aufgeweitet. Ich stelle mich so, dass ich das Wasser in der vollen Länge übersehen, zugleich durch eine Baumlücke nach links, jedenfalls wenn Wild hoch vorbeizog, hinauf schießen konnte. Der Stand hatte den Nachteil der Blickrichtung gegen Osten, also gegen den abendlich sich verdunkelnden Himmel. Aber ich wollte es so: Ich würde in die offenen Wiesen hinaus schießen können, ohne einen der Mitjäger zu gefährden, die links hinter mir weitere Moorkuhlen umstellten. Nichts behindert den Schrotschützen mehr, als wenn er sich zugleich auf das Wild und auf das Hintergelände konzentrieren muss. – Mit der Entenjagd bin ich groß geworden. Die Erfahrung sagte: An diesem Nach-Sturmtag würden die Enten schnell und flach von den offenen Wiesen her anstreichen, um in das windgeschützt liegende Blankwasser unmittelbar einzufallen, allenfalls zuvor eine enge Volte drehen und dann mit dem schwächer gewordenen Rückenwind von der Seite anfliegen. Zur Nacht suchen die Enten Blankwasser auf, also eine ungekräuselte Wasserfläche. Oft fallen sie am Rande zwischen Rauhwasser und Blankwasser ein und rudern dann dem ruhigen windgeschützten Gewässerteil zu. Selten hat man als Gast die Gelegenheit, seinen Stand selbst so bestimmen dürfen, wie es mir an diesem Abend angetragen wurde.

Ich bekam sogleich den Beweis, dass ich meine Wahl gut getroffen hatte. Denn pfeilschnell, – es war noch gar nicht recht die tiefe Entenstrichdämmerung, – glitten tief zwei Enten heran und fielen rauschend geradewegs in Wassermitte vor mir ein. Als ich die Flinte in zu hastiger Bewegung anschlug, erhoben sie sich. Um mit dem Wind abzustreichen, mussten sie nach rechts weg, über die Freifläche. Der erste, leichte Schuss ging fehl, der zweite, ich zwang mich, der auf der linken Hand leichten

Flinte einen ordentlichen Schwung zu geben, warf eine Ente ins Weidegras. Dieses Gewehr hatte, das spürte ich, nicht genug Gewicht auf der linken Hand, wie jedenfalls ein großer Schütze mit langen Armen es benötigt, um intuitiv schießen zu können. Was nützte es da, dass ich ganz gerade über die Laufschiene sah, dass der Schaft rasch und ohne dass es einer Korrekturbewegung bedurfte, an die Wange stieg? Hätte ich doch die altbewährte Flinte mitgenommen, die ich seit den Tagen des Abschlusses meiner Schulzeit führte (und auch heute noch führe). Eingravierte Enten und Hasen, Wurzelmaserholz und ein großer Name des Fabrikanten garantieren nicht den Jagderfolg. Sie gereichen aber, – zugegeben sei das gern, – dem Jäger, der sein Handwerkszeug wertschätzen sollte, zu einer besonderen Freude.

Schon zogen auf gleichem Luftpfad wiederum zwei Enten herein, saßen schon an der Spitze ihrer Bugwelle im Blankwasser. Die eine erlegte ich auf dem Wasser, die zweite im Aufstehen. Beide lagen regungslos da. Das Gewehr schoss präzis, mit dichter Garbe und dahin, wohin der Schütze schaute. Wieder kamen Enten von vorn, diesmal ein ganzes Schoof. Sie umbögelten den Teich, überstrichen ihn von links. Ich hatte nicht genug Schwung, beide Schüsse gingen vorbei. Betont weit hielt ich vor, als das nächste Schoof kam. Eine Ente fiel in die Viehkoppel. Dann krachte es hinter mir an den Moortümpeln, eine Ente schwirrte mit sirrendem Fluggeräusch mit halbem Wind durch die Lücke neben mir und stürzte auf meinen Schuss, den Kopf schlagartig hängen lassend, weit draußen auf den Acker. Nun ging es Schlag auf Schlag: Von vorn, eben noch mückenklein, dann schon schwingenschlagende Scherenrisse über dem spiegelnden Wasser, kamen sie! Eine Doublette auf die spitz anstreichenden Enten gelang, dann war es gegen den Osten zu dunkel, während die Jäger hinter mir, gegen den orangerot aufglühenden Westhimmel schauend, noch schossen, stand ich schon fast im Düstern. Nur nach rechts, gegen die ferne Stadt, war noch ein Hauch Rosaschimmer. An den Rand dieses Sichtfeldes konzentrierte ich meinen Blick, mehrmals ging es nun so, dass der Schuss auf die ins Helle Steigenden ein Fehlschuss, der zweite, ins Dunkle nachgeworfene ein Treffer wurde. Dumpf plumpsten die Herabgeschossenen in die Viehweide.

Von einer Minute zur anderen hört an einem solchen Abend der Strich auf. Denn liegen die Enten einmal ungestört auf ruhigem Wasser, haben sie also ihren Nachtruheplatz gefunden, so erheben sie sich in der beginnenden Dunkelheit nicht mehr. – Schweren Schrittes stapfte der Jagdherr heran. »Na, hat ja mächtig geknallt?« meinte er. »Bei den Anderen aber doch auch!« erwiderte ich. »Ja, aber die haben fast nichts. Und hier?« – Er machte nie viele Worte. »Elf!« erwiderte ich. Ich hatte genau mitgezählt. Er trat nahe an mich heran, so dass ich sein Gesicht sehen konnte. Etwas von »Der überpassionierte Städter spinnt!« lag in seinem Blick. Aber da schleppte der schwarze Terrier bereits den ersten Erpel von der Viehkoppel herbei, stürzte sich wieder hinaus in die finstere Weite, apportierte und apportierte mit sich steigerndem Eifer. Dann rumorte er im Teichschilf. Das Wasser platschte. Ich vermied es, dem Hund das Wild abzunehmen. Auch wenn der kleine eifrige Jagdbegleiter sicher wusste, dass ich der Schütze war: Wild zu übernehmen, das der Hund bringt, ist Aufgabe des Hundeführers. Diese Geste stärkt die Beziehung zwischen Hund und Herrn. Zehn Enten lagen zu unseren Füßen. Ich bestand darauf, dass der Hund noch jenseits auf den Acker hinaus müsse. Es dauerte eine ganze Zeit, dann kamen die beiden zurück, und aus des Gastgebers Hand baumelte, mattsilbern im allerletzten Westlicht aufglänzend, ein stattlicher Oktobererpel.

Aus der nachfeiernden Runde verabschiedete ich mich ziemlich rasch, rollte unter dem aufsteigenden goldenen Herbstmond quer durch den Forst der anderen Einladung zu. Welch ein beglückender Abend! Ganz langsam musste ich jetzt hantieren, damit ich nicht ins Schwitzen und danach bei dem langen Ansitz ins Frieren geriet. Das Mondlicht reichte, um ohne Fahrlicht von der langen Betonbahn weg zu der Kiefernheide zu rollen, an der die Garage stand. Die Garage, Abstellplatz der Jägerautos, war nicht etwa ein von Menschenhand geschaffenes Bauwerk. Es war eine Lücke unter den tief herab schwingenden weit ausladenden Ästen einer mächtigen Heidekiefer. Stellte man dort sein Vehikel ein, so verschwand es von der Bildfläche. Im Laufe der Jahre hatten die Autoreifen der Jäger eine kleine Doppelspur in den Heideboden gefahren und irgendeiner hatte sodann die Ortsbezeichnung »Garage« geschaffen. Jeder, der dort zur Jagd ging, wusste, was und wo die Garage war.

In der Garage war genug Platz, um sich, bedeckt durch den Mantel der Zweige, zur Jagd zu rüsten. So schlüpfte ich beim Schein der Wageninnenbeleuchtung in den Ansitzoverall, raffte Glas, Büchse, Rucksack zusammen und schlich mich dann längs der Bestandskante auf geräuschlos begehbarem, federndem Heideboden der Kiefernkanzel zu. Selten habe ich eine so geschickt in die Landschaft eingefügte, dabei große Kanzel gesehen. Sie stand auf dem Geäst einer Kiefer, war in kieferngrün gestrichen und fiel daher sommers wie winters im immergrünen Nadelmantel den Vorbeikommenden nicht lästig ins Auge. Man schaute, nachdem man die Fenster geöffnet hatte, zur Linken ins Feld, nach vorn auf einen mit viel Mühe dem mageren Heideboden abgerungenen kleinen Wildacker. – Als ich mit behutsamen Handbewegungen die Fensterklappen in die Stellhölzer rastete, hatte sich alles Gewölk verzogen. Es war mondhell draußen. Golden glänzte die Stoppel, die daraus aufkeimende Kornsaat schimmerte wie feiner vom Licht beschienener Haarflaum. Auf dieser Kanzel konnte es einem auch bei langen Ansitzen nicht langweilig werden, denn der Blick schweifte weit gegen das Dorf ganz zur Linken, zu den Waldsäumen nach Halblinks und dann wieder in die kleine zum Wildacker hergerichtete Waldbucht. Ich lehnte mich zurück, schloss einige Augenblick lang die Augen. Noch wuchtelten die Enten vor mir im verdämmernden Nachthimmel. Nicht auszudenken, ich hätte die gewohnte Flinte dabei gehabt! Kaum einer der Schüsse wäre, so ungestört und konkurrenzfrei, wie ich an meinen Platz gestanden hatte, vorbei gegangen … .

Was hatte der Jagdherr gesagt? Alles vom Hasen bis zum Rotwild. Nein, eine Einschränkung hatte er gemacht: Wenn der C-Hirsch käme, – gemeint war ein Damknieper, – der sei reserviert für den berufsgeplagten Schwiegersohn. Wer die Höhen und Tiefen des Jägerlebens in ihrer Unwichtigkeit im Allgemeinen, aber ihren Wirkungen auf die Seelenlage des passionierten Waidmannes kennt, ahnt voraus, was nun geschah: Nachdem ich mich auf der Kanzelsitzbank zurecht gerückt, alle Reißverschlüsse des Overalls geschlossen und die bereit liegende alte, muffig riechende Decke recht eng um mich geschlagen hatte, um für die langen Ansitzstunden behaglich warm zu bleiben, quoll es grau und weiß aus dem Kiefernbestand in die verwunschen halb im Waldschatten liegende kleine Wiese unter mir, – Damwild!

Der Oktober ist der Damwildbrunft-Monat. Da ziehen die Hirsche zumeist nicht mit dem Kahlwildrudel. Sie schlagen sich am Brunftplatz eine Kuhle, fast immer unter den herabhängenden Zweigen eines Überhälters, so dass sie dort hinein im Sitzen gerade noch mit dem Geweih schlagen können. An dem von ihnen gewählten Platz harren sie der weiblichen Stücke, die der Brunftgeruch und das rasselnde Röhren herbei locken sollen. Die jüngeren Hirsche haben womöglich keine feste Brunftkuhle wie die Alten. Aber sie versuchen sich schon einmal schalenschlagend in der Anlage solchen Beweises der Männlichkeit am Rande des Brunftplatzgeschehens oder bummeln jedenfalls dort herum. Nähern sie sich einem Stück Kahlwild, so greift im Regelfall einer der älteren Platzhirsche mit drohend gesenkten Schaufeln ein. Nach alter Lehre soll in diesen Tagen beim ins Feld ziehenden Kahlwild niemals ein Hirsch stehen. In letzter Zeit, mit dem großflächigen Anlegen von Rapsschlägen, scheint es anders geworden zu sein. Mehrmals beobachtete ich im ostholsteinischen Hügelland Rudel, bei denen ein starker Hirsch stand und sogar, ruckartig die Schaufeln zurück werfend, seinen rülpsenden Brunftlaut herausschrie. Die üppige Grünäsung draußen vor den Feldgehölzen und den Wäldern scheint das Kahlwild dermaßen anzulocken, jedenfalls wenn die Eichen- und die Buchenmast, deren Fall mit der Damwildbrunft zusammentrifft, mager geraten sind. Dann will das Wild hinaus ins Feld, sich Feist anäsen, bevor der die Kräfte zehrende Winter einsetzt. Die Hirsche müssen offensichtlich schlichtweg mitziehen.

Auch an diesem Abend war es so, dass bei dem vertraut, ohne viel herum zu äugen, sich vor mir verteilenden kleinen Rudel, Alttier mit einem hellen Kalb, Alttier mit einem dunklen Kalb und Schmaltier, ein Hirsch befand. Als er, den Wildkörper noch im Schattenfeld, das Haupt aber im gleißenden Mondlichteinfall, einmal gegen die Feldflur hin aufwarf, sah ich die magere, unvereckte linke Stange und die schmale, einem aufschwingenden Sägeblatt ähnlich gezähnte rechte Stange, die ohne jede Verbreiterung, ohne Gabelansatz auslief. Der Hirsch war keinesfalls gering im Wildbret; er überragte die Alttiere um eine Handbreit. Als er sich gar auf den Feldrain als imponierendes vom Mond überglänztes Standbild hinstellte, sah ich den starken Pinsel. Es war ein sicher Dreijähriger, nach den damals dort geltenden Richtlinien ein Abschusshirsch und mit Sicherheit derjenige, den der Jagdherr unter Schutz gestellt hatte. Kahlwild, hatte er gesagt, sei frei, aber er rate mir, mit einem Schuss auf Damwild zu warten, denn nach dem Fährtenbild käme Rotwild. Dieser Jagdfreund war wohl der instinktvollste, kenntnisreichste Jäger, mit dem ich zusammen jagen durfte. Wenn er sagte, dass Rotwild dort zöge, war das keine vage Vermutung, es bedeutete eine reale Chance.

Ich freute mich des Anblickes und der Rupflaute, die vom eifrig äsenden Wild zu mir herauf drangen. Wie oft erleben wir, dass in unsteter Bewegung oder gar schneller Flucht das Wild an uns vorüber zieht. Vertraut äsendes Wild zu beobachten und gar zu hören, ist besonderes Jagdglück, es besteht in dem Erleben der friedlichen Nähe des Jägers zu seinem Wild, dem er nachstellt und das er zugleich liebt. – Als ganz junger

Jäger, auf einer Kahlschlagblöße in den Lech-Auen auf hoher Eschenleiter sitzend, erlebte ich einmal, dass eine Ricke unter meine Leiter zog, der in hopsenden Fluchten von links und rechts je ein Kitz nachsprang. Die beiden drängten sich an das Gesäuge der geduldig, mit halb gesenkten Lauschern dastehenden Mutter und labten sich mit solchem Eifer, dass ich sie saugen und lutschen hören konnte. Der Onkel war zunächst von meinem Ansitzbericht wenig angetan: »Sehen –, sehen –, schießen sollt ihr!« Das waren so seine wohlmeinenden, um den Erfolg der von Ferne angereisten Gäste besorgten Äußerungen. Dann verstand er doch, dass man der Freude eines jungen Jägers an einem Abend ohne Schuss und Beute, aber mit herzbeglückendem Anblick Anerkennung zollen musste: »... aber morgen schießt du Einen!«

Gern hätte ich nach langen Jahren wieder einmal einen Damhirsch erlegt, aber wenn ich einen frei hatte, waren es immer diese mit geringen, aber langen Schaufeln eine gute Zukunft verheißenden Hirsche gewesen, die mir vor die Büchse gezogen kamen. Jetzt stand der Richtige vor mir, doch ich musste mich aufs Beobachten beschränken. – Die Wildwiese war rechtzeitig, in der zweiten Augusthälfte, gemäht worden; so stockte jetzt im Oktober dort wieder üppige Kräuteräsung. In den kommenden Wochen würden die Äser des Rot- und des Damwildes sie kurz scheren. Noch schimmerte zwar auf dem vorgelagerten Stoppelfeld der aufsprießende Roggen, hervorgegangen aus den beim Ernten ausgefallenen Körnern; aber schon in wenigen Tagen würde der Bauer diese wilde Saat umpflügen und der kleine Wildacker als die einzige Äsungsfläche in der an den Forst grenzenden Feldmark zurück bleiben. – Nach einer halben Stunde zog das Damwild ein. Bald reute mich, das Schmaltier nicht geschossen zu haben, das ich in aller Ruhe angesprochen hatte. Im gleißenden Mondlicht ruhte die Stoppel. Zwei Hasen mümmelten sich weiter und weiter in sie hinaus. Von ihnen abgesehen, blieb das Gesichtsfeld leer. Was hatte der Gastgeber gesagt? »Vom Rotwild bis zum Hasen ...!« Wozu hatte ich den Bergstutzen dabei? Ich visierte hinüber. Wenn ein Hase sich recht plastisch gegen eine liegen gebliebene Schwade des Roggenstrohs hinsetzte, ließ sich ein Schuss zusammenvisieren. Einhalb zwölf Uhr, dieses zeitliche Grenzlinie hatte ich mir gesetzt im Hinblick auf die an diesem Nachmittag bereits in Vernachlässigung geratende und am Folgetag nachzuholende Berufsarbeit, was frühes Aufstehen bedeutete. Wenn bis dahin kein Rotwild, auch keine Sau, erschienen war, würde ich einen der Hasen ins Fadenkreuz nehmen.

Nach einer weiteren Stunde, – mir war nach den Aufregungen und Anstrengungen der Entenjagd der Kopf zu einer Schlummerpause nach vorn gesunken gewesen, – erwachte ich mit dem Vorsatz, ab jetzt würde ich auch ein Stück Damwild erlegen, wenn sich denn noch einmal eins zeigte. Die weite Feldflur lag noch immer im goldenen Oktobermondschein, finster stockte der Forst. Erneut entschlummerte ich. Als ich unter schweren Lidern wieder aufschaute, war es merklich dunkler geworden. Hatte ich viele Stunden verschlafen, ging der Mond schon in die absteigende Phase seiner Bahn? Ich schob den Kopf durch die Luke. Nein, der Mond stand noch hoch am Nachthimmel. Aber eine Wolkenbank hatte sich heran geschoben. Das Goldflimmern draußen war gleichmäßigem Nachtgrau gewichen. Aus dem Dorf drang kein Motorenlärm, kein Türklappern mehr herüber. Von der fernen Bundesstraße war nicht mehr das Rauschen des Verkehrsstromes zu vernehmen. Es herrschte Nachtstille. Jetzt, jetzt musste das Rotwild, mussten die Sauen kommen, wenn sie an diesem Abend die Feldmark zu ihrem Ziel genommen hatten! Da schoben sich auch schon dunkle Schatten unter den Randfichten weit drüben im Feldbogen hin und her, lösten sich zu einzelnen Wildkörpern auf, die mit zum Äsen gesenkten Häuptern, ach so langsam, Schritt für Schritt, dem Wirkungsbereich meines Stutzens näher zogen. Es war schlechtes Ansprechen unter dem Wolkenschleier. Ein geringer Hirsch würde nicht heraus zu buchstabieren, Alttier und Schmaltier nicht mit Sicherheit zu unterscheiden sein, – nicht jedenfalls für mich Stadtmenschen, der sich keineswegs einen Rotwildkenner nennen durfte. Aber eines war sicher: das schwache Stück in der Mitte des Verbandes war ein Kalb! Ich richtete die Büchse; es war weit für einen Nachtschuss, aber nicht zu weit.

Viel wird darüber diskutiert, ob die Nachtjagd auf Schalenwild, insbesondre auf das Rotwild, aus Gründen des Tierschutzes verboten sein sollte. Eine norwegische Wildforschungsstelle hat gerade heraus gefunden, indem sie eine große Zahl nach Statistikgesichtspunkten aufgearbeiteter Jagdberichte ausgewertet hat, dass bei Drückjagden ungleich mehr Wild krank geschossen wird als bei der Nachtjagd und diese, wenn sie bei ausreichendem Licht und nicht bar jeder Waidgerechtigkeit auf Risiko ausgeübt wird, eine gerechte Jagd sei. – Auch jetzt war es so: Als sich die Wolkenbank weiter schob und der Mond wieder sein Licht auf die Stoppel warf, stand das Fadenkreuz glasklar auf dem Wildkörper. Es war die ideale Nachtjagdsituation: Nach dem Auswechseln des Wildes im Dämmerlicht des verschleierten Mondes wurde es wieder hell. Ist das Wild einmal hinaus in die Äsung gewechselt, scheint es die Mondhelle nicht so zu fürchten als wenn es aus dem Waldesdunkel über die Grenzlinie der Schlagschatten hinaus in die gleißende Helligkeit muss.- Im Schuss blieb das Stück stehen, die anderen warfen auf. Ich fingerte die abgeschossene Hülse aus dem Patronenlager heraus, schob sie, auf dass sie nicht polternd auf den Kanzelboden falle, in die Overalltasche und lud aus dem am Zielfernrohr befestigten wirklich patenten Ansteckmagazin nach. Auf den zweiten Schuss sackte das Kalb zusammen. Nur noch ein dunkler Fleck in der beschienenen Stoppel ließ erahnen, wo es lag. – Ich blieb noch einen Augenblick lang sitzen, damit das staksend davon ziehende Rudel einwechsele, ohne den dem Hochstand entklimmenden Jäger wahrzunehmen. Da kam einer der Hasen ins Gesichtsfeld. Laut übers Feld dröhnende Schüsse stören bei Nacht, das habe ich des Öfteren erlebt, die Hasen wenig. Ich ging wieder in Anschlag. Eine Fast-Doublette auf Rotkalb und Hase, das wäre doch ein besonderes, stets in der Erinnerung haftendes Erlebnis! Aber der Zielstachel schwankte auf und ab. Mit einer Pfeifente, elf Stockenten und einem Rotkalb war genug Beute gemacht an diesem Tag. Ich holte meinen Wagen aus der Kieferngarage, fuhr auf weiten Umwegen in die Stoppel hinein, wuchtete das geringe Kalb, – es war ein Wildkalb, – mit geübtem Umarmungsgriff in den Kofferraum und rollte der Wildkammer zu. Dort bei Licht und fließendem Wasser, war die rote Arbeit sauber zu erledigen. – Am anderen Morgen erhielt ich zwei Anrufe: Ob ich nicht Lust hätte, demnächst wieder auf die Enten mit hinaus zu kommen, etliche Moorkuhlen und das Au-Ufer seien unbejagt geblieben, und: ob ich nicht Lust hätte, mit fallendem Mond noch einmal eine Nacht draußen zu sitzen. Schließlich sei der Oktober der Monat, in dem es dem Jäger anstehe, Beute zu machen.

Lichtgraue Novembernebel

Den November in Norddeutschland kennzeichnen der ständige Wechsel zwischen südwestlicher und nordwestlicher Windrichtung, damit verbundene »Sturmtage« und Temperaturschwankungen: Manchmal wirft es ersten nassen Schnee, und manches Jahr gibt es gar einen Umschlag auf östliche, über die schon kalte Ostsee hereinfallende harte Luft. Aber hin und wieder hält das Wettergewoge inne. Eine warme Novembersonne liegt über dem Land; es dauert dann eine Zeit, bis sie die Nebel verzehrt hat, die aus den nassen Wiesen und Wäldern empor dampfen. An manchen Tagen, bei Windstille, hält gar die Nebelluft den ganzen Tag an. Dann sind die Geräusche im Wald gedämpft, alles ist fern, verwandelt; viele Geheimnisse scheint jedes Gehölz, jede Dickung zu bergen.

An einem solchen Tag zogen wir in den Forst zur Drückjagd. Die Sicht reichte eben aus, um zu jagen, um Wild rechtzeitig ansprechen zu können und vor allem, um sicher zu sein, dass ein Schuss niemanden gefährden würde. Anders als an klaren oder windreichen Tagen hörte man das Hin- und Herfahren der Forstfahrzeuge nicht; kaum waren sie um die nächste Jagen-Ecke verschwunden, wurde ihr Fahrgeräusch vom Walddunst verschlungen. – Der Förster wies mich an, seitwärts neben der Schneise den gedeckt im Waldesdunkel verlaufenden Pirschpfad – oder war es ein Wildwechsel – zu nutzen, zügig, aber unbedingt lautlos zur Kanzel vorzustoßen und rasch dort oben meinen Platz zu beziehen. Er sagte mir das in einer fast beschwörenden Tonlage. Sie verlieh mir zugleich die Sicherheit, dass er mir zutraute, behutsam pirschend und nicht wie eine durch den Busch brechende Wildsau den für mich vorgesehenen offensichtlich aussichtsreichen Stand zu erreichen.

Auf dem nadelbestreuten Waldboden ging es sich leicht, aber ich musste die Augen am Boden halten. Denn die Herbstwinde hatten erste Dürräste herab geworfen, hier und dort waren nasssilbern schimmernde Laubnester vom Wind zusammengefegt. Ein Tritt dorthinein würde in diesem schweigenden Wald dem Wild mein Herannahen ankündigen; es würde sich einen Reim daraus machen, dass heute ein Jäger die Kanzel bezog. Wild musste in der Nähe sein, sonst hätte der revierkundige Beamte mich nicht so eindringlich an das ermahnt, was auf einer Drückjagd eigentlich selbstverständlich sein sollte; nämlich dass man zügig, gedeckt und geräuscharm seinen Stand einnimmt. Wer in der Meinung, das Wild würde ja von weither zugetrieben werden und könne ihn ohnehin nicht vernehmen, knasternd zur zugewiesenen Leiter hinstapft, sie laut prustend erklimmt, dann klackernd den Repetierer lädt, unter metallischem Klicken des Feuerzeuges den ersten Langweile-Vertreiber-Stumpen sich anbrennt, sodann laut knisternd die Wegzehrung auspackt (»Frühstück aus dem Rucksack« stand schließlich auf der Jagdeinladungskarte!), darf sich nicht wundern, wenn er die nächsten Stunden mit sich und seinen Gedanken und ein paar warnend ihn umzirpenden Meisen allein bleibt. – Für die Vorstehjagd auf Niederwild, vor allem wenn ein Fuchs im Treiben stecken kann, gilt genauso, dass Ruhe die erste Jägerpflicht sei! Auch Hasen, Kaninchen, Fasanen vernehmen übrigens gut und weichen, wenn Treiber und Hunde sie in Gang gebracht haben, den Ständen derjenigen Schützen aus, die durch allerlei Trampeln und Knastern auf ihre Anwesenheit bereits aufmerksam gemacht haben. Einige Male habe ich, von Anfang ganz stille am zugewiesenen Pfahl oder Baumstamm verharrend, eine zufällig vorbeistreichende Taube oder Krähe oder eine fern hochgemachte und dem Treiben entfliehende Ente geschossen und so dazu beigetragen, dass die Strecke des Tages bunter und vielfältiger wurde.

Ohne meinen Schritt für irgendwelches verzögerndes Herumspähen zu verlangsamen, strebte ich der Leiter zu, schob, an ihrem Fuß angekommen, den Ansitzsack über den Gewehrlauf und stemmte mich ohne Aufenthalt Schritt für Schritt ohne Hektik, mit behutsam gleichmäßiger Bewegung, in die Kanzel hinauf, hüllte mich ein, richtete mir in wenigen Handbewegungen Gewehr, Reservemunition und Mundvorrat – und war bereit! Aufatmend schaute ich mich um; ich blickte unter den abschwingenden dunklen Fahnen der Fichtenzweige in einen Lärchenbestand, dem einzelne ernst-düstere Fichtenhorste und einige tiefe Senken eingesprengt waren, Reste einstiger Gräben aus der Zeit, als hier von vorausgegangenen Generationen noch Hochmoore entwässert und saure Wiesen trocken gelegt wurden. Ein fast konturloses Durcheinander kennzeichnete auf den ersten Blick dieses Waldstück, neben dem, matt glänzend-grün im Nebellicht, der von der Kanzel rechter Hand sich hinstreckende Feuerschutzstreifen, zugleich Wildacker, aufschimmerte.

Kein Wild würde wohl unter dem Druck des Jagdbetriebes diese Fläche überqueren, so sehr die Jägerfantasie es sich wünschen mochte; nein, in das komplizierte Geflimmer des Bestandes gegenüber musste ich aufmerksam konzentriert, pausenlos hineinschauen. Schon bald meinte ich, dort zwischen grauem Erdaushub auf dem Bord eines Grabens ein sitzendes Stück Wild wahrzunehmen, weiter hinten regungslos stehende Schemen hinter kahlen und dennoch gitterdichten Lärchenzweigen zu erkennen. Als ich, um die Entfernung zu schätzen, von Stammfuß zu Stammfuß die Sichtstrecke aufteilte, wurde mir klar, dass der Dunst den Abstand auf den ersten Blick hatte größer erscheinen lassen, als er in Wirklichkeit war. Die Unklarheit der Umrisse hatte mich, ein typisches Phänomen von Nebeltagen, das Geschaute viel weiter entfernt vermuten lassen, als es wirklich war. Alles, was ich dort sah, oder vielleicht nur vermutete, war nah, jedenfalls in guter Büchsenkugelentfernung!

Behutsam hob ich wieder das Fernglas. Was war dieser wie auf einem, wenn auch gedeckten Postament sitzende Körper da vorn? Ein Reh? Der Blick durch das Glas gab keine Sicherheit. Mit der Vergrößerung wuchs auch die Unschärfe. Nach den Konturen war es ein Rotkalb. Sollte ich es geschafft haben, so nah an ein Stück Rotwild ungesehen heran zu kommen, womöglich an ein ganzes Rudel? Ich atmete tief durch, neigte den Kopf zur Seite, damit mein Atemhauch nicht die Linsen beschlug, schaute wieder durchs Glas. Jetzt fiel dumpf gar nicht so fern der erste Schuss, und nichts regte sich. Auch die Schemen dort hinten standen, waren sie vielleicht gar keine Wildkörper? Der Schuss hatte keinen Widerhall, das Geräusch war einfach vorüber, es gab auch kein Ästerauschen, Trommeln von Wildschalen, Wuchteln von Vogelschwingen, keinen Eichelhäherruf. Tonlos war der Wald. Jetzt wieder ein Schuss, ein weiterer ganz fern, vielleicht von den Ständen der Nachbarn am Fernwechsel, nun ein Doppelschuss, dann wieder einer näher, und auch dieser dumpf und echolos.

Schließlich meinte ich, von der Seite Treiberrufe zu vernehmen. Jetzt, so schien es, hatten sich die Schatten drüben im Bestand verschoben. Als ich erneut mit dem Glas in das Lärchengewirr hineinschaute, durchfuhr es mich heiß: Dort stand ein kopfstarkes Rudel Rotwild! Mir am nächsten war das Kalb, von dem ich angenommen hatte, dass es saß. Aber jetzt hatte es den Anschein, dass es in der alten Grabensohle, halb gedeckt durch Grabenbord und Erdaushub, einen Schritt näher herangetreten und damit aus seiner Tarnung herausgezogen war. In gleitender Bewegung schob ich die kurze Büchse über die Brüstung, drehte mit einer Handbewegung eine große Zielfernrohrvergrößerung herein, ohne die Augen vom Wild zu lassen. Im lichtstarken, wie aufhellend wirkenden Rund des Fernrohres sah ich die Umrisse des Wildkörpers klarer: ein geringes Kalb, ein Wildkalb wahrscheinlich, darauf wiesen der dünne Hals und das schlanke Haupt hin. Zwar waren die Läufe und die Bauchlinie verdeckt, aber das Fadenkreuz stand klar auf der vorderen Blattkante. Mein Schuss dröhnte eigenartig düster und laut, das Stück tat eine grau aufschimmernde Bewegung, war dann regungslos, während drüben sich mehr und mehr Wild aus dem Gewirr der Stämme und Zweige löste. Begierig tastete das Fadenkreuz nach einem Sicht- und Schussfenster, aber der Vorhang war zu dicht. So sah ich zu, wie die Stücke zueinander traten und dann das Rudel sich dicht gedrängt graubraun hinter dem winterlich graubraunen Vorhang des Lärchenbestandes davon schob. Ganz am Ende der trassenartig lang sich hinstreckenden Schneise unter der Traufe der Randbäume schlich es sich davon. Mächtig hoben die Wildkörper sich vom in der Nässe licht silbergrün schimmernden kurzen Waldgras ab. Noch immer lag ich im Anschlag, aber auch, als die geballte Wucht aus Wildleibern, Häuptern, Hälsen, Läufen sich auflöste und das Rotwild, ein Stück nach dem anderen dem Treiberlärm sich entgegen tastete, musste der Schuss unterbleiben. Zu leicht verschätzt man sich auf diesen Schneisen. Mochte das Wild auch noch so verlockend vor dem Zielstachel im Rund des Fernrohres stehen, es waren rund zweihundert Meter dorthin, zu weit um auf einer Drückjagd im Dunst eines nassen, kurzen Novembertages einen Schuss zu wagen, – und eigentlich zu weit, um überhaupt einen Schuss auf ein Stück Wild zu tun …

Deutlich sah man es dem Leittier, aber auch den folgenden Stücken an, wie sie bedacht mit vorgereckten Häuptern, zurückfallenden Lauschern, staksenden Schritten dahin zogen: Sie hatten begriffen, dass Drückjagd war und sie sich mitten im Treiben befanden. – Wenige Minuten nachdem das Rudel treiberwärts verschwunden war, gab es dort erwartungsgemäß einige Rufe, die nur verschwommen zu mir herüber drangen. Ich war sicher: Das Rudel war mitten durch die Linie der in warnorange und leuchtend gelb gekleideten Menschen gegangen. Und so wurde es mir später auch berichtet. Schon traten die Treiber auf die Schneise, blieben abwartend stehend, nach links und rechts schauend, bis sich eine Linie

K.-P. Reif

gebildet hatte, dann gingen sie weiter. Im Fernglas folgte ich dem Treiber, der in etwa auf die Stelle stoßen musste, an der ich das Kalb beschossen hatte. Er stapfte gesenkten Kopfes dahin, – bei der Nässe bedeutete die Treiberarbeit kein Vergnügen. Die lustvolle Erwartung der ersten Jagdstunde auf Anblick und Abenteuer im Wald war ihm längst vergangen. Missmutig klopfte er routinemäßig hier und da gegen einen Stamm, einen Baumstumpf. Dann verharrte er plötzlich, trat raschen Schrittes an den als dunkle Linie hinter dem Lärchenzweigvorhang erahnbaren Waldgraben heran, sah sich um, erblickte die Kanzel und winkte zu mir herüber. Mit mächtigem Kraftakt wuchtete er das Stück aus dem Graben, schleifte es über die Nadelstreu dem Schneisenrand zu, ließ es jäh los und schaute dann, noch einmal mit seinen orange leuchtend beärmelten Armen zurückwinkend, dass er in die Reihe der Treiberwehr zurückfand, die längst weiter gezogen war.

Das über zwanzig Häupter starke Rudel hatte als einziges Stück mein Kalb hergeben müssen. Ich machte meine Meldung beim Förster: ein Schuss, ein Wildkalb. Mit anerkennendem Blick schaute er von seinem Notizblock auf, in das er die Strecke der einzelnen Jäger und Stände eintrug. Am Feuer, die nassen Kleider trocknend, sprachen wir davon, mit welchem Geschick das Leittier seine Schar wieder einmal aus dem Treiben geführt hatte. In mir blieb die Erinnerung an die mächtigen braungrauen Wildkörper und die eine Sekunde, in der ich durch das winzige Sichtfenster im Ästegewirr Schussfeld gefunden hatte, um mir die Beute eines vorwinterlichen Jagdtages, eines lichtgrauen Novembertages, zu sichern.

Wer sich den Nachtansitzen verschrieben hat, kennt das: Zeigt der Kalender den zunehmenden Mond an, liegt eine dicke Wolkendecke über dem Land, ist Neumond, so ist die Luft glasklar, aber die Nacht tintenschwarz. Diesem Dilemma abzuhelfen, haben sich einige Jäger Erdansitze gegraben. Das Thema, ob man daraus waidgerecht jagt, ob man ohne Gefährdung für Mensch und Tier daraus einen Schuss abgeben kann, will ich hier nicht weiter aufwärmen. – An der feldnahen Kirrung im Revier eines Freundes gab es kein Erdloch. Der Boden war auch zu feucht, um eines auszuheben. Braunes Moorwasser wäre sogleich darin zusammen geströmt. Die Waldkulisse verdunkelte zudem den Horizont. Dennoch sann ich darauf, ob nicht ohne Mond und Schnee, in den Nächten, in denen die Sauen regelmäßig anwechselten, ein erfolgreicher Ansitz möglich sei. Vor der Ansitzhütte hatte sich eine große Pfütze gebildet.

Darin mochten sich die von der nicht allzu fernen Großstadt gegen die Wolkendecke gesandten und von dort zurück gespiegelt vielen Lichter der Leuchtreklamen, Autoscheinwerfer, Straßenlaternen, Zimmerfenster widerspiegeln. Eines Abends hielt ich, vom Druck des zum Wachbleiben in langer Sitzung bei Sauerstoffknappheit genossenen Kaffees getrieben, in der Nähe jenes Reviers meinen Wagen an. Wie ich so in die Wiesen hinausschaute, ließen sich, nachdem das Auge sich eingewöhnte, einzelne Zaunpfähle, Hecktore, Maulwurfshaufen aus dem Nachtgrau heraus buchstabieren. Es war eine dieser Nächte, in denen das Großstadtlicht unter einer niedrigen, aber gleichmäßig verteilten Wolkendecke gefangen zu sein scheint.

Andern Abends saß ich in der Ansitzhütte. Das Wetter war nicht umgeschlagen. Im starken Fernglas vermochte ich den Haufen aus Strohhäcksel vor mir vom kurzen Waldwiesengras zu unterscheiden. In dem Häcksel wurde regelmäßig mit ein paar Handvoll tief eingegrabenem Mais gekirrt. Der Haufen zerlief wie eine vom Wind arg zerfetzte Fahne nach allen Seiten; die Sauen mussten also vor kurzem vor Ort gewesen sein; bei ihrer Suche nach den Maiskörnern hatten sie das Deckmaterial auseinander gewühlt. Auch die grasfreie ebene Fläche zwischen dem ehemaligen Haufen und der Ansitzhütte bis hin zur Wasserlunke ließ sich schwach erkennen; wie von Fett bestrichen mutete sie im Vergleich zum rauhschwarzen Grasbewuchs an. Die Wasserfläche schimmerte hin und wieder matt wie ein in Jahrzehnten fast blind gewordener, vom Staub überzogener Spiegel, der sich irgendwo auf einem Dachboden findet. Doch, wenn Sauen kämen, mit dem Fernglas würde ich sie, schwarz aus dem Grau der Nacht, herausbuchstabieren können. Das beruhigende Gefühl der Zufriedenheit über meinen Jagdplan machte sich in mir breit: Wir hatten Neumond, genau in dieser Nacht, und dennoch konnte hier unter dem vom Großstadtlicht angehauchten Himmel ein Schuss gelingen! In solchen mondlosen Nächten ziehen die Sauen! Der Wind kühlte mir, wenn ich mich mit dem Glas vor den Augen vorbeugte, die Stirn, kam also von vorn. Etwa fünfzig Meter hinter meinem verborgenen Platz begann die offene Feldmark, von dort würden die Sauen nicht kommen, dort herum mich auch nicht umgehen. Alles stimmte, ich musste nur – warten! Mit dieser glücklichen Erkenntnis schlummerte ich ein.

Eine ganze Zeit lang muss ich, in den hochgeschlossenen Ansitzsack gehüllt, auf bequemem Polster sitzend, tief geschlafen haben. Denn als ich erwachte, brauchte ich eine Weile, mich zu entsinnen, wo ich mich eigentlich befand. Ein schlurfendes Geräusch rief mich vollends in die Gegenwart zurück; ich tastete neben mir auf der Bank nach dem Fernglas. Fast wäre es mir aus der Hand gefallen, denn gerade, als ich es erfasste, klang wieder, nunmehr lauter, dieses eigenartige Geräusch herüber, das ich nicht einordnen konnte. Es war arg dunkel. Ich holte mir Himmel, wie die Kimme-und-Korn-Schützen unserer Vorväter-Zeit zu sagen pflegten, indem ich zunächst den Übergang zwischen den Baumwipfeln im Hintergrund zur Wolkendecke erfasste und dann langsam das Glas senkte. Da war das Düstergrau der Grasfläche, dann das Glanzgrau der nackten Matschzone und vorn der matte Spiegel der ausgedehnten Wasserlache. In der Mitte des Gesichtsfeldes musste der Haufen sein. Er aber war verschwunden. Stattdessen stand dort eine schwarze Masse, die sich, als ich sie länger betrachtete, auseinander zu ziehen und wieder zu verdichten schien. Auf einen Schlag war ich hellwach! Das war eine gedrängt stehende Rotte Sauen! Nach einigem Hinstarren fand ich heraus: Das schlürfende Geräusch entstand, wenn eine der düsteren Gestalten mit jäher Wurfbewegung ein Bündel des nässeschwer gewordenen Strohs zur Seite schleuderte. Nach und nach spekulierte ich heraus, dass ich eine mächtige Bache und etliche starke Frischlinge vor mit hatte. Die Rotte nahm den Kirrhaufen in voller Breite in Beschlag. Ich angelte nach der Büchse. Durchs monokulare Zielfernrohr betrachtet, war die Szenerie noch düsterer, das Bild noch kontrastärmer. Nur die starke Bache, wenn sie sich einmal bewegte, vermochte ich in die Mitte des Sehfeldes zu bringen. Ich senkte das Gewehr ein wenig. Doch, wenn der Zielstachel sich gegen die Pfütze neigte, war er klar zu erkennen. Irgendwann, so sagte ich mir, würde ein vorwitziger Frischling den Rottenverband verlassen und die nähere Umgebung untersuchen. Wer Sauen kirrt, dem sei, um solches Verhalten zu fördern, eine Verteilung seiner Kirrgaben an verschiedene, auseinander liegende Stellen im Gesichtsfeld der Kanzel empfohlen. – Mit einem Mal war ganz vorn vor mir etwas Dunkles im Gesichtsfeld! Ich hob das Glas. Tatsächlich, da zog ein Frischling vor der Pfütze entlang, deutlich sah ich gegen den matten Wasserspiegel den kurzen Kopf, den gedrungenen Nacken. Schnell vertauschte ich das Glas gegen die Büchse, fand die Rumpfmitte, richtete den Zielstachel ein wenig nach rechts, wohin das Stück in Bewegung gewesen war, und zog ab. Die Rotte stürmte nicht etwa matschspritzend davon. Ich vernahm, als der Schuss verdröhnt war, zunächst rein gar nichts, dann ein schwaches Planschen. Ich schaute durchs Glas. Die Bühne war leer. Aber doch, da vorn, nahe vor mir, lag etwas Längliches am Wasserrand, das vorher nicht dort gewesen war. Rasch schälte ich mich aus dem Ansitzsack, griff Büchse und Lampe und tastete mich, ohne Licht zu machen, hinüber. Ich schalte in der Nacht, zumal wenn ich geschossen habe, nicht gern die Lampe ein. Denn nach ihrem Aufleuchten schließen sich augenblicklich die Pupillen und man wird nachtblind, kann nur im Scheinwerferkegel noch etwas erkennen. So trat ich langsam über den saugenden Untergrund an die Sau heran. Eben wollte ich mich vorbeugen, sie am Hinterlauf zu greifen, da begannen die Läufe zu schnellen und ich gewahrte den Einschuss hoch vor der Keule. Dahin hatte ich nicht gezielt. Überhaupt war alles falsch: Das Schweinchen lag mit dem Haupt nach links, während es doch nach rechts gestanden hatte, als ich den Finger krümmte. Mit meinem kurzen rückstoßarmen Gewehr kann ich aus der Armbeuge heraus einen Fangschuss abgeben, indem ich die Mündung fast aufsetzte, ohne dass ich zuvor umständlich das Fernrohr abnehmen und irgendwo in den Schmutz zur Seite legen muss. So richtete ich die Mündung hinter den Teller, und schon streckte sich der Wildkörper.

Damals hatte ich die kluge Erfindung des Bergehakens noch nicht entdeckt und benötigte Etliches an Zeit, Kraft und Bandscheibenmaterial, ehe ich den gewichtigen Frischling, – er brachte später genau vierzig Kilo auf die Waage, – nass und vom Schlamm glitschig wie er war, aus der Senke, dann durch die sperrigen hochvergrasten Fichtenreihen zum Feldweg gezerrt hatte. Bei Licht betrachtet bestätigte sich, was ich erschreckend beim ersten Herantreten vermutet hatte: Das Stück hatte einen »umgekehrten Blattschuss«, wie es mein Freund später nannte, der auch Wildbrethändler war und mit den Schieß- und Jagdkünsten seiner Kunden einige Erfahrungen gemacht hatte. Mit anderen Worten: Wäre das Haupt, wie ich im Abziehen fest angenommen hatte, rechts gewesen, wäre die Sau augenblicklich an einem Hochblattschuss verendet. Großes unverdientes Glück hatte ich gehabt, dass mein Schuss die Beckenmuskulatur und die hintere Wirbelsäule gelähmt hatte, – übrigens ohne Wildbret zu zerstören, so dass die Sau am Platz blieb.

In meinen Stolz, dass es mir gelungen war, in mondloser Nacht ohne die illegale Hilfe einer Lampe oder eines Nachtzielgerätes, ohne Horizontsicht und Hintergrundgefährdung, eine Sau zu erlegen, mischte sich ein Quäntchen nüchterner Selbsterkenntnis: Leicht hätte es geschehen können, dass das Wild mit schlechter, aber letzten Endes tödlicher Kugel stundenlang gelitten hätte. Gut, dass ich gleich herangetreten und dem unter dem Schock der aus der Nähe mit hoher Rasanz aufgetroffenen Kugel noch ohne Schmerz daliegendem Stück rasch hatte den Fangschuss antragen können. – Man soll sich nicht grämen, wenn ein Wagnis, ein über die vertretbare Risikogrenze hinaus gehendes Wagnis, letztlich gelungen ist. Gelegentlich Glück zu haben, gebührt uns Menschen. Aber ich habe versucht, aus diesem Erlebnis zu lernen. In den ganz düsteren Nächten sitze ich nicht mehr draußen, und wenn ich einmal doch, von der Passion, der schwarzen Passion, wie sie ein bekannter Sauenjäger genannt hat, getrieben, bei problematisch schwachem Licht die Schwarzkittel vor mir habe, so versuche ich, das Gewehr in Halbanschlag zu bringen und unter der Achsel festzuklemmen, sodann mit dem Doppelglas übers Zielfernrohr hinweg auszutüfteln, wie das ausgewählte Stück steht. Ein rascher Wechsel zwischen Fernglas und Gewehr gelingt dann im günstigen Augenblick, ohne dass sich das ins Auge gefasste Wild noch verschieben kann.

Andern Tags gab es allerlei Hallo. Dass ich zur Nachtzeit geschossen hatte, nahm ohnehin niemand an. Man erwog, mochte es aber doch nicht so recht glauben, dass mir am Morgen beim Einwechseln an der offenen Feldkante eine Sau gekommen sei. Und dieser präzise Sitz der Kugel hinter dem Teller! Die Male des ersten Ein- und Ausschusses hatten sich nämlich, als ich den Frischling unter großzügigem Abschärfen der hinteren Bauchlappen und der anhängenden Schwarte recht sauber aufbrach, mit entfernen lassen. Später, als seine Helfer nicht dabei waren, erzählte ich dann dem Freund die ganze Wahrheit über meine Jagdkünste. Und ich dankte dem Heiligen Hubertus und hoffte, das mir mein ungewöhnlicher Erfolg, Nachweis von Sitzfleisch und Tatkraft, den Haupttugenden des Schwarzwildjägers, weitere Einladungen bringen würde. Denn vom Ankirren allein werden die Saubestände nicht weniger. Jagd soll auch Beute bringen.

Dezembermorgen am Rotwildwechsel

Spaziergänger, Pilzsucher!« knurrte er, aber dann setzte er hinzu, den Kopf hebend und mir in die Augen schauend, als wollte er mir mehr eine Aufgabe erteilen als einen Rat geben: »Im Winter zieht dort morgens das Rotwild!« Das war alles, was der alte Jäger mir zu dem Pirschbezirk an Informationen mitgab, als ich ihn, glücklich über den noch druckfrischen Begehungsschein in meiner Brieftasche, um Rat fragte. Er wohnte nicht fern von diesem Teil des großen Forstes, hatte dort früher gejagt, als an die Stelle einer schriftlichen Begehungserlaubnis mit seitenlangen Anhängen über allerlei Rechte und Pflichten, besonders letztere, noch das einfache Wort des Revierförsters galt, wo man sich hinzusetzen hatte, um dazu beizutragen, dass die geplante Jahresstrecke an Schalenwild ohne Übermaß an Störung und Aufwand erlegt wurde.

Zunächst sah ich gar kein Wild. Dann erlegte ich Anfang Juni aus dem Dahinpirschen einen Knopfbock in einer vergrasten Kultur. Der Geringe ließ mich auf Hasendistanz einfach vorüber gehen, fühlte sich zwischen etlichen Jungkiefern und den hoch stehenden Falbgräsern völlig sicher. Ich meinerseits behielt mein Spaziergängertempo bei, ging weiter, strich dann, mich rückwärts wendend, am nächsten Kulturzaunpfahl an und setzte dem Reh die Kugel auf den Halsansatz. – Immer wieder aber zog es mich in den Buchenhochwald. Der Platz dort war einfach zu schön, – mir gefällt es, vom Ansitz weit blicken zu können, – schließlich bin ich am Rande der Elbmarsch groß geworden. Dohlen kakelten in ihren vielfältigen kehligen Stimmlauten; sie mochten hoch droben in den Buchenstämmen nisteten, dort, wo der Sturm Äste herausgedreht hatte und die offenen Bruchstellen unter der Fäulnis aufgeweicht waren, so dass allerlei Waldgeister kleine Höhlen hatten ausmeißeln können. Der Pirol flötete vom Feldrain herein; vergeblich schaute ich mir die Augen aus, ob er, der so selten Gewordene, einmal durch die Buchenkronen huschen würde. Der tiefe melodische Ruf der ebenso seltenen Hohltaube erscholl, ohne dass ich sie jemals entdeckte.

Zu meinem Lieblingsplatz hatte ich eine kleine Leiter erkoren, in deren

Rücken eine licht werdende Mischwaldkultur stockte; linkerhand vor ihr senkte sich der Buchenwald zu den nicht fernen Feldern und Moorparzellen hinunter. Dies wusste ich aus Erkundungsgängen im Frühjahr. Vom meinem Platz ließ sich über den Hangansatz nicht hinweg sehen. Im September kam mir im Buchenhochwald erst ein starker Damspießer mit hell leuchtenden Spießen, dann gar ein Bock mit dicken glatten Stangen. Weit draußen zog er durch die Buchenstreu, wand sich zwischen den silbergrauen mächtigen Stämmen und einzelnen vom Wild zu runden Büschen mit kleinen Mitteltürmchen zusammengebissenen leuchtend dunkelgrünen Ilex-Büschen hindurch. Das Schalenwild beäst tatsächlich die Stechpalme, die in Gemäßheit ihres Namens so stachelig ist, dass wir uns kaum einen Bund Zweige für den Weihnachtsschmuck schneiden können, ohne uns zu verletzen. In Schneewintern habe ich die Fährten rings um die Ilex-Büsche oft bestaunt.

Der Damspießer zog fast außer Schussweite vor der Leiter, der Bock war für einen verantwortbaren Schuss viel zu weit. Mir kam der Gedanke, dass der kleine Hochsitz mehr ein Platz für einen Naturgenießer denn für einen Jäger sei, womöglich aufgestellt von einem Begehungsschein-Vorinhaber, der seine Plätze nach optischen Vorzügen, nach der Schönheit des Ausblickes, aber nicht nach den jagdstrategisch ermittelten Ergebnissen langer Abspürpirschen bestimmt hatte.

Ich erinnerte mich von meinen Erkundungspirschen weit draußen im Altholz an eine Leiter, hatte sie aber eher als Drückjagdstand denn als Vorpassplatz bewertet. Ein Probeansitz würde nicht schaden. An einem Nachmittag in der folgenden Woche fand ich mich dort ein. Schon frühzeitig meldete mehrere Male draußen in einer der Moorparzellen ein Rothirsch. Noch stand also Rotwild draußen in den Feldern, in denen einige kleine Restmoore eingesprengt waren. Der alte Jagdkamerad mochte diesen Platz gemeint haben: Es ging an, dass hier nach der Brunft das Kahlwild zog, wenn in der Niederung die Maisfelder abgeräumt und die Birkenmoore winterlich durchsichtig geworden waren, so dass das Hochwild tagsüber in den Dickungen des Waldes seinen Einstand nehmen musste. Während ich noch darüber nachsann, wie ich im Dunkel des Frühmorgens möglichst lautlos die offene Kanzel erreichen könnte, – sie lag tief im Altholz, – huschte in weiten Fluchten, immer wieder stockend, braun und weiß auf der Buchenstreu, ein Stück Damwild heran. Ich nahm gleich die Büchse, das war – schlank und rank – ein Schmaltier, ganz allein, wohl draußen irgendwo in einem Feldgehölz von Spaziergängern angerührt. Die Laufmündung folgte den in Zick und Zack näher kommenden Fluchten. Mit einem Schuss musste ich mich sputen, denn im weiträumigen Altholz verhofft kein Wild lange, zumal wenn es das schützende Dunkel einer Douglasiendickung vor sich hat. Als das Schmaltier einmal stockte, brach mein Schuss, und es war alsdann leicht, auf einem Holzrückepfad langsam in den Bestand hinein zu fahren, um es zu bergen.

Im beglückten Nacherinnern wurde mir klar, dass ich einen Stand gefunden hatte, auf dem sich große Erfolgsaussichten boten. Aber es würde mir nur gelingen, dort zu Schuss zukommen, wenn ich schnell bei der Hand war. Zudem war es geboten, für den Abendansitz zeitig zu kommen, weil ich den Auswechsel queren musste; und für den morgendlichen Vorpass galt: Ich musste früh ausrücken, um den weiten Angang ins Altholz vor dem hereinziehenden Wild lautlos zu bewerkstelligen. Mit anderen Worten: Mit diesem Platz war es wie mit vielen anderen Hoffnungen und Gelegenheiten: Rechtzeitiges Kommen, geduldiges Warten und entschlossenes Handeln waren die Vorbedingungen, die erhoffte Chance zu nutzen. Kam alles dieses zusammen, was der Jäger – und überhaupt der Mensch – mit gutem Vorsatz gelegentlich bewerkstelligen kann, dann brauchte nur noch ein Quäntchen Glück hinzu treten, eben das, was wir Jäger Waidmannsheil nennen.

Ich beschloss, im Geleis des niemals begangenen, weil keine Verbindung herstellenden, sondern blind in das Altholz hinein führenden Holzabfuhrweges die Sauen zu kirren. Der Mond würde durch die entlaubten Buchenkronen bis zum dürrlaubbestreuten Waldboden durchdringen. An anderen Plätzen hatte ich die Erfahrung gemacht, so günstig sie vom Verlauf der Wechsel und der Möglichkeit des Hinzupirschens gelegen sein mochten, dass das Mondlicht schließlich doch nicht ausreichte, wenn ich endlich die Sauen angewöhnt hatte. Hat man wieder und wieder angesessen, und endlich sind die Sauen da, man sieht ihre Wildkörper schattengleich hin- und her wechseln, hört die blasenden, murksenden, quickenden Geräusche der im Erdboden brechenden und sich streitenden Schwarzkittel, dann steigt die Spannung und der Wunsch, nun auch zu Schuss zu kommen. Den Finger krumm machen aber sollte der Jäger nur, wenn das Fadenkreuz erkennbar auf der braunen oder schwarzgrauen Schwarte am rechten Fleck steht. Allerdings werden bei Nacht sehr viel weniger schlechte Schüsse getan werden als in der Hektik der Drückjagden. Grundvoraussetzung für glückliches und glückbringendes Jagen bei

Dämmerung und Nacht ist jedenfalls ein umsichtig gewählter Ansitzort. Das vor ihn in den Bestand einfallende Restlicht muss dem Jägerauge ermöglichen, Wildsilhouette und Abkommen zusammen zu bringen.

Die Sauen nahmen die eingegrabenen Maisgaben von einem Tag auf den anderen an. Allerdings bedeutete es ein ziemliches Stück an Arbeit und Zeit, das lange Ende vom Hauptweg mit dem Maiseimer zu laufen. Auch empfand ich jedes Mal, wenn ich die längs des Hauptweges sich erstreckende, schmale Fichtendickung durchmessen hatte und in den von wenigen mächtigen Fichten durchsetzten kirchenhohen, einsamen Buchenhag hinübertrat, dass mein Hin-und-Her-Gelaufe störte. Denn dort kam sonst kein Wanderer, kein Jogger. Einige Male fuhr ich anfangs auch mit dem Wagen hinein. Meine allradgetriebene Limousine kam eben bis vor die Kanzel, wenn ich mit etwas Schwung über die Stellen hinweg glitt, an denen Rückefahrzeuge vor langem die Weggeleise tief in den weichen Waldboden eingekerbt hatten, so dass der Wagenboden den hochstehenden mit kurzem Waldgras spärlich bewachsenen Mittelsteg streifte. Dies war, so mein Resümee nach zwei Wochen, kein guter Kirrplatz, aber ein hervorragender Ansitzplatz. Ringsum im Buchenlaub hatten die Sauen lange dunkle Furchen ins nasse wie von Lack übersprüht glänzende Buchenlaub eingefräst, nicht nur dort, wo ich die Maisgaben eingescharrt hatte. Der Platz schien es den Schwarzkitteln angetan zu haben. Ich gab das mühsame zeitraubende und zudem störende Kirren auf. Rasch wehte die wundgefahrene Fahrtrasse wieder zu. Damit war auch das Risiko vorüber, Waldwanderer könnten den Wagenspuren folgen in der Vermutung, dort führe eine malerische durch den Hochwald verlaufende Abkürzung zum fernen, in der Niederung vor dem Buchenabhang gelegenen Dorf. Bereits durch das Einfahren einer auffälligen Fahrspur ins Waldgras oder ins gefallene Dürrlaub bahnt der Jäger oft unbewusst einem Besucherstrom den ersten Weg in bisher einsame Waldwinkel. Deren gibt es ohnehin wenige. Der Bequemlichkeit des Überall-Hin-Fahren-Wollens sollte der Jäger daher dort entsagen, wo nicht ohnehin zur Forstbewirtschaftung häufiger gefahren wird, so abenteuerlich ein bisschen Motorsport im Jagdbetrieb auch empfunden werden mag. – So ähnlich hat es von Kramer-Klett wohl in Bezug auf das Befahren steiler Schotterwege im Bergwald ausgedrückt.

Ich musste darauf bauen, dass die jagdfachlichen Berichte in den Jagdzeitungen richtig seien, wonach das Ansitzen an der Kirrung und das Drücken im Mais oder in den Waldeinständen nicht das einzige und schon gar nicht das waidgerechteste Mittel der Jagd auf das Schwarzwild seien, sondern vielmehr die Pirsch und der Ansitz an den wohlausgemachten Hauptfraßplätzen die wirkliche Jägerkunst bedeuteten. Eine Zeitlang ließ ich dort Ruhe und pirschte dann, eines Frühwinterabends, ganz sacht, damit das bereifte und steif gefrorene Laub nicht knistere, der Kanzel zu. Ich genoss die weite Umsicht. Hier und dort war das Laub umgepflügt, was bedeutete, dass noch in der Vornacht die Sauen zugegen gewesen waren. Ihr Einstand war in einer gut mannshohen Fichtendickung der Nachbarabteilung zu vermuten. Ich saß noch nicht lange und drehte mich gerade wieder gegen die dunkelgrüne Dickung hin um, da knasterte es vernehmlich hinter mir, vom Feld her, im Buchenlaub. Ich wandte mich um, sah zuerst gar nichts, dann auf einmal eine Bewegung, braun auf brauner Laubstreu nahe vor mir, – ein Reh! Als es fast unter der Kanzel durchzog, sah ich mit bloßem Auge die Schürze, eine Ricke war es, zudem allein. Rasch die Büchse! Das Stück schien meine Bewegung wahrgenommen zu haben, obwohl es nicht herauf geäugt hatte. Schalenwild hat die Lichter eben auf der Seite des Kopfes; es bemerkt aus den Augenwinkeln, um es in nicht-jägerischer Sprache auszudrücken, ungewohnte Bewegungen. Das Reh wurde schneller, verhoffte dann doch noch einmal. Der in Sekundenbruchteilen gezielte Schuss brach. Das Stück rutschte hinter einer Anflugfichte zusammen. Ich verscharrte den Aufbruch dort, wo die Sauen gebrochen hatten. Als ich wenige Tage später wieder kam, hatten ihn, – das Fährtenbild war eindeutig, – die Sauen sich einverleibt. Aber der Abend verdämmerte, ohne dass Wild zog. Nur Gänseflüge strichen von Osten her unablässig gegen das einige Kilometer entfernt gelegene große Moor mit seinen weitläufigen Wasserblänken. Solch stetiger Gänsezug von Skandinavien her deutet im Frühwinter auf einen Wetterumschwung mit nachfolgendem Kälteschub hin. Und er kam! Kam mit einen dünnen, aber deckenden Schneedecke. Zugleich rundete sich die Mondscheibe. Ich fieberte nach einem freien Abend.

Schließlich, – der Mond war schon fast rund, – passte es. Die Gummistiefel hatte ich angezogen, damit keine verräterische Menschenduftspur bei der Pirsch zur Kanzel entstände. Höher und höher zog der Mond, malte Kringel und Zickzackmuster beim Durchscheinen der kahlen Buchenäste auf den weiß bedeckten Waldboden. Kälter und kälter wurde mir auf der offenen Kanzel, obwohl ich mich in den gefütterten Overall gezwängt und dann noch am Platz in den Ansitzsack gehüllt hatte. Warum zog kein Wild? Endlich ein freier Abend mit Schnee und Mond, und keine Störung hier an diesem verheißungsvollen Ansitzplatz nahe den Einständen. Ich hatte, um meine Aussichten auf ein beglückendes Winternachterlebnis auf breite Basis zu stellen, den Drilling mitgenommen und war entschlossen, auch einen Winterfuchs zu strecken. Wo Sauen ziehen, kommt auch häufig der Fuchs. Vielleicht untersucht er die Stellen, an denen sie das Laub aufgedreht und den Waldboden umgebrochen haben, nach Mäusenestern, die den Sauen entgangen sind. Draußen, fern in den Feldern, fiel ein Schuss. Da hatte jemand Waidmannsheil gehabt, würde jetzt gemächlich dem gestreckten Wild zuschreiten, sich im hellen Mondschein des Anblicks und seines Erfolges freuen, dann auf dem festgefrorenen, aber nicht tief verschneiten Boden bequem seine Beute wagenwärts schaffen. Und ich saß hier in der Kälte und Einsamkeit des Walddomes womöglich auf verlorenem Platz?

Es wäre aber eine Sünde gewesen, die goldene Mondnacht selbst, den Anblick der lautlos vorübergleitenden Sumpfohreule, die vom Moor hereingestreift war, nicht als hochwertvolles Erlebnis zu registrieren. Dennoch: die Kälte biss! – Ich hielt eisern durch. Überall stachen die braunen Kanten der Blätter aus der Schneedecke. Dort hatten die Sauen im Schnee gebrochen, der erst vor zwei Tagen gefallen war. Sie mussten kommen! Wieder und wieder prüfte ich den Wind: Der Atemhauch wehte an meinem Gesicht vorbei nach hinten in Richtung der fernen Feldkante. Alles stimmte! Mit einem Mal, ohne dass ich den geringsten Laut heranziehenden Wildes vernommen hatte, füllten sich Weg und Altholz vor mir mit dunklen Gestalten. Einmal vernahm ich nun auch ein gedämpftes Aufschnauben. Sacht hob ich das Fernglas. Eine starke Bache war's mit zahlreichen Frischlingen. Jetzt zankten sich vor mir am Weg zwei um irgendetwas im aufgebrochenen Laub, aufquietschend wich der Geringe aus, während der Sieger des kleinen Zweikampfes erhobenen Hauptes vor dem Wurzelstock einer Altfichte verharrte. Ohne ihn aus dem Auge zu lassen, nahm ich den Drilling. Ein solches kleines kampflustiges Wildschwein ist zu allermeist ein männliches Stück. Es bedurfte eines Augenblicks, die Konturen des vor dem dicken Unterstamm der mächtigen Fichte stehenden Wildes im Rund des Zielfernrohres zu enträtseln. Nur jetzt keinen Fehler machen und überhastet einen schlechten Schuss tun! Dann stand endlich das Fadenkreuz hinter dem Blatt, mächtig blitzte es aus dem sechseinhalbmillimetrigen Kugellauf. Ich war geblendet, sah ein Stück nach links weghuschen, nahm aber den Verbleib der übrigen Rotte nicht war. Eine ganze Zeit lang blieb ich sitzen, schaute wieder und wieder mit dem Fernglas vor den Wurzelstock hinüber. Aber weder dort noch im weiteren Umkreis fand sich der erhoffte kleine, runde braune Hügel aus dem Schnee.

Schließlich schälte ich mich aus dem Ansitzsack, warf ihn von der Kanzel, stieg mit steifen Beinen vorsichtig von meiner Warte herab und stapfte dem Anschuss zu. Auf fünfundvierzig Meter konnte man doch nicht bei bestem Mondlicht eine Sau fehlen! Vor der Fichte standen einige dunkle Tupfer im Schnee, ich schaltete die kleine Taschenlampe ein. Hellrot leuchtete jetzt in ihrem Lichtkegel der Schweiß. Ich ging der Fährte nach. Sie führte weiter und weiter nach links, der Fichtendickung zu. Längst hatte ich das Zielfernrohr ausgehakt und in die Tasche geschoben. Schweiß lag jetzt nicht mehr zwischen den Schalenabdrücken. Schließlich kam ich den ersten Jungfichten nahe, musste über ein paar gefallene dürre Fichtenäste hinweg und zugleich tief gebückt unter einem herabschwingenden Buchenast hindurch. Da schaute mir plötzlich die Sau ins Gesicht. Auf einer überschneiten Wurzel lag sie, den Wurf mir zugewandt. Sie war, das sah ich nach erstem Erschrecken ob des plötzlichen Anblicks, längst verendet. Aber das Keilerchen hatte es geschafft, sich im allerletzten Zusammensinken noch umzudrehen in die Richtung, aus der ihm der Jäger folgen würde.

Wohlgemut schleifte ich meine Beute in Richtung der Waldwegtrasse, zerrte und wuchtete, aber – die Trasse kam nicht! Alles sah hier im mondbeglänzten Schnee gleichförmig aus. Ich hatte mich, so unglaublich es klingen mag, im gewohnten Pirschbezirk verlaufen, entdeckte umherschauend auch die Kanzel nicht mehr. Es half nichts: Samt der immer schwerer werdenden Beute musste ich in der eigenen Spur wenden und von der Stelle, an der ich etwa sechzig Meter vom Anschuss entfernt die Sau aufgenommen hatte, zur Kanzel zurück. Das Zurückstapfen in den eigenen Fußabdrücken war kein fährtensucherisches Kunststück, allerdings ein hartes Stück Arbeit. Schließlich lag das Schweinchen unter der Leiter. Zwischen Stämmen und Stubben im Mondlicht mit meiner Beute herumkurvend, hatte ich die Orientierung verloren, mich fast parallel zur Wegtrasse bewegt, die in schräg verkürzender Linie zu erreichen meine Absicht gewesen war. Der zunächst eingeschlagenen Richtung folgend, wäre ich erst kurz vor dem Hauptweg, nahe beim Auto, auf die Wegtrasse gestoßen. Bis dahin allerdings hätten mir die Kräfte versagt. – In ähnlicher nächtlicher Situation musste ich einmal in fremdem Revier den erlegten Frischling auf einer mir tischeben erscheinenden Wiese liegen lassen, um ihn später mit dem Wagen abzuholen. Damals habe ich ein hässliches Muster aus Fahrzeugspuren hin und her ins Gras gefahren, bis ich endlich meine Beute wiederfand. – Doch nun war ich glücklich am Wagen, prüfte im Licht den Sitz der Kugel, es war ein guter, das Wildbret schonender Hinterblattschuss, den ich gezirkelt hatte. – Andern Morgens, als ich das Rollo hochschob meldete sich im rechten Arm der Muskelkater, den ich mir bei dem ewig langen Ziehen der Beute eingefangen hatte. Dicke Schneefetzen patschten gegen die Fensterscheibe. Während der Fahrt zum Büro ging der nasskalte Niederschlag in Regen über. Die nächsten Nächte versanken in Düsternis und Dauerregen. Die einzige silbern erleuchtete Nacht dieser Dezember-Mondphase hatte ich genutzt und freute mich der Erinnerung an die Mondlichter und Mondschatten im Buchendom.

An einem Dezembermorgen nach dem Prüfen und Beschicken einer Saukirrung, – die schwarzen Gesellen waren wohl vor einigen Tagen einmal durchgezogen, aber am Vortag nicht zur Stelle gewesen, – fährtete ich am Buchenhain ab und stieß auf eine Menge Rotwildfährten. Wie auf einer Straße war hier, und wohl nicht nur einmal, ein Rotwildrudel waldein gewechselt. Breit gefächert standen die Kahlwildfährten, was darauf hindeutete, dass das Wild vertraut dahin gezogen war. Andern Morgens musste und würde ich dort sein. Mit bereits ausgeschalteten Fahrzeugscheinwerfern schwenkte ich in die lange gerade Wegtrasse ein. Seit ich einmal mitten im Wald zu frühester Morgenstunde einen Sturzbetrunkenen gefunden habe, – ich hielt ihn damals zunächst für tot, – weiß ich, dass man mit Allem und Jedem auch zur Unzeit tief im Walde rechnen kann und muss. So rollte ich recht behutsam die lange Trasse entlang. Die Stiefel hatte ich schon vor dem Verlassen der Teerstraßen übergestreift, auch den Mantel angezogen, das Fernglas umgehängt. Endlich war ich am Wegkreuz, entglitt sacht dem Wagen und pirschte auf lautloser Sohle auf dem Waldweg weiter, dann hinein in den Buchenforst. Hin und wieder musste ich die kleine Taschenlampe, gegen den Boden gerichtet, aufblitzen lassen, um nicht mit womöglich lautem Gepolter und Geknacke über Dürrholz zu stürzen. Hinter der Hangkrümmung heranziehendes Wild würde mich eher vernehmen als das Aufschimmern des Lampenlichtstrahls wahrnehmen. Endlich ragte wie ein bedrohliches Ungetüm die einfache Stangenkonstruktion der Kanzel gegen den vom Tintenschwarz in ein tiefes Blaugrau sich aufhellenden Himmel. Fast geräuschlos war ich angelangt. Nun stieg ich Tritt für Tritt hinauf, rollte mein

Sitzkissen aus und saß sofort still. Dann lauschte ich einfach nur und genoss das Geborgensein unter dem Dach der an allen Seiten offenen Kanzel. So hässlich ihre Konstruktion mir angemutet hatte, als ich plötzlich vor ihr stand, so behaglich war mir jetzt der Schutz unter ihrem Dach und hinter den zur Verblendung eingesteckten Zweigen.

Im Osten, schräg hinter mir, hellte der Himmel sich auf, gelbgrauer Schein ließ darauf schließen, dass es ein trüber Wintermorgen werden würde. Erste Konturen waren jetzt im Altholz erkennbar, die mächtigen Buchenstämme hoben sich im fahlen Grau ab, Stubben standen düster, noch verschwimmend, gegen den Frühschimmer auf dem Buchenlaub. Jetzt, jetzt war die Stunde, da das Rotwild kommen musste. Frische Fährten hatte ich im Aufblitzen der Taschenlampe nicht gesehen, das Rudel konnte noch nicht durch sein. Wenn es kam, dann kam es bald! Denn dass im Dezember, wenn die Feldmark keinerlei Schutz mehr bietet, das Hochwild bis weit ins Morgenlicht auf den Feldern bleibt, ist nicht zu erwarten, und der Feldrand sowie der sich waldwärts anschließende lichte Hang waren nur wenige hundert Meter breit. Lange konnte das Wild nicht brauchen, bis es, nachdem sich der Osthimmel über dem Hang erhellte, hier herauf gezogen war. Da knackte auch schon ein Dürrast, dann vernahm ich schwere Tritte und das Anstreifen von Wildkörpern, meinte, ein Knacksen von Sprunggelenken zu hören. Sollte ich gleich die Büchse nehmen? Noch war es zu dunkel, um durch das Zielfernrohr ein Stück anzusprechen. Mit einem Mal war links von mir ein großer Wildkörper, dann hier und da und dort schemenhafte Bewegung. Ich hob das Glas, das starke Stück dort konnte ein Alttier sein, das helle vielleicht ein Schmaltier. Meine Anspannung schlug jäh in Enttäuschung um: Sie waren zu früh, einige wenige Minuten zu früh! Jetzt galt es nur, sich klein zu machen, zu hoffen, dass der Wind nicht küselte. Es war ein starkes Rudel. Das Wild hielt sich nicht auf, schon waren sie neben mir, querten meine Spur, beschleunigten ihre Tritte, – und fort waren sie. Ich saß noch eine Weile, vielleicht zog noch ein verspätetes Stück oder eine Sau? Aber im Grunde wusste ich, dass nichts mehr kommen würde, und begann zu frösteln.

Der nächste Morgen verlief nach gleichem Plan: wieder die endlos anmutende langsame Fahrt auf der ewig langen Wegtrasse ohne Scheinwerferlicht, das behutsame Vortasten zur Kanzel, das Durchatmen, nachdem ich mich oben auf meinem Sitzkissen zurechtgerückt hatte. Die Luft war feuchter an diesem Morgen, Nieselhauch wehte mir ins Gesicht und beschlug die Brillengläser. Noch tasteten die Fernglaslinsen vergeblich im Altholz herum, weder Baum noch Stubben noch Strauch war erkennbar. Diesmal kam kein Schimmer von Osten her auf. Die Wolkendecke war viel dichter als am Vortag. Es wurde gleichmäßig dunkelgrau und dann hellgrau im Bestand. Noch hatte der Waldboden keine Farbe, lediglich ein wenig heller als die Wurzelteller gefallener Buchen und als die Ilex-Sträucher schimmerte er. Ich nahm die Büchse, schaute durchs Zielfernrohr. Es könnte gehen …! Da sah ich, als ich das Gewehr wieder sinken ließ, über das Fernrohr hinweg einen großen Schatten weit draußen im Altholz. Dort waren sie, das mussten sie sein! Es würde noch ein Weilchen dauern, bis sie zu mir herauf gezogen waren, und mit jeder Minute würde das Licht zunehmen! Das Rudel kam. Der Zielstachel kreiste, da ein Kalb, schon wieder verdeckt, jetzt ein Tier, zu stark, sicher ein Alttier, dann ein schwächeres, aber nach der Kontur auch wieder ein Alttier, jetzt wieder ein Kalb. Aber da hinter anderen niedriger, mit schlankerem Hals, ein wenig heller, eindeutig ein Schmaltier. Es stand jetzt halbbreit, und heraus war der Schuss. Mächtig dröhnte er durch den Buchendom, das Rudel ballte sich zusammen, preschte schlammspritzend neben mir über den Waldweg, ein Knacken noch, ein weiteres, ferner schon, und fort waren sie. Was hatte ich getan? Ein Stück Wild im Kreis seiner friedlich, ohne Argwohn nach langer ungestörter Nacht und Äsung auf den Feldern der Waldestiefe zustrebenden Gefährten beschossen und das Rudel dadurch in Aufruhr gebracht. Ich suchte mit dem Fernglas den Waldboden ab: Totäste, Stubben, und dann, ein langer Strich in der Laubstreu, der nichts anderes sein konnte als das begehrte Wild!

Noch einige Minuten saß ich, bis volles Tageslicht herrschte. Jetzt überwog die Freude, ich hatte meine Kenntnisse, aber auch meine Instinkte mit denen des Wildes gemessen, und diesmal war ich erfolgreich dabei gewesen. Dann ging ich hinüber und war, wie immer, wenn ich an ein Stück Rotwild herantrete, von der Größe und Schönheit des gestreckten Wildes gefangen, machte mich schließlich an die rote Arbeit. Danach kehrte ich beschwingten Schrittes zum Wagen zurück, holte den Anhänger von der Försterei. Denn ich wollte es mir nicht nehmen lassen, in allerlei Bögen und Windungen um Stubben und Stämme herum an das Wild heranzufahren, um es selbst zu bergen. Ich zog es ohne Schwierigkeiten auf den Hänger und karrte es zum Wildgalgen an der Försterei. Auch das Gelingen dieses Stückes jägerischer Arbeit, das erlegte Wild allein versorgt und aus der Waldestiefe heraus dorthin geschafft zu haben,

K.-P. Reif

von wo es seinen Weg in die große Stadt als wertvolles und geschätztes Nahrungsmittel für die Weihnachts- oder Neujahrstage nehmen würde, beglückte mich. Jetzt, nachdem die Beute versorgt, mein Jagdplan vollends umgesetzt und erfolgreich zu Ende geführt war, empfand ich tiefe Entspannung. Ich stand noch eine Weile und schaute auf das große schöne Tier, das ich der Tiefe des Waldes entnommen hatte. Nein, ich empfand keinen Triumph darüber, dass ich es getötet hatte, dass ich über Leben und Tod entschieden hatte. Es war Dankbarkeit für die Stunden, in denen ich, nur der Passion des Jagens folgend, eingesponnen sein durfte in den grüngoldenen Jahresreigen der Schöpfung.

Dank

Mein besonderer Dank gilt Dr. Heinz Bischoff, Norderstedt, für seine unermüdliche Hilfe bei der Vorbereitung dieses Buches. Mit seinen Erfahrungen als Kulturdezernet der Stadt Norderstedt und als begeisterter Jäger, mit seiner Lebensweisheit und seiner Bereitschaft, durch viele kritische Hinweise diesem Buch zum Gelingen zu verhelfen; dabei zugleich mit Lob für das darin enthaltene Gedankengut über den Stellenwert der Jagd für uns Stadtmenschen nicht zu sparen, war er und ist mir ein herzensguter Berater und Begleiter.

Widmung

Dieses Buch ist gewidmet meinen längst verstorbenen Lehrmeistern in der Kunst des Jagens und Fischens:

Meinem Vater, Dr. Georg Hoffmann,
vormals Wedel (Holstein),

seinem Bruder, meinem Patenonkel Dr. Hanns Hoffmann,
vormals Hamburg,

meinem Onkel Herbert Biemann,
vormals Gut Ellgau bei Donauwörth.

Sie haben mich gewiesen, über die Liebe zum Jagen und Fischen der Natur und den in ihr verwobenen Zusammenhängen, des Geschenkes der Schöpfung, stets nahe zu sein.